Ensslin Naturführer

ENTDECKE DIE NATUR IN HERBST UND WINTER

Bärbel Oftring

Illustrationen von Viola Beyer und Svenja Doering

ENSSLIN

Inhalt

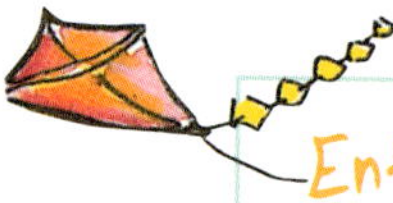

Entdecke den Herbst 4

Mein Herbst 22

Feiern im Herbst 38

ENTDECKE DEN HERBST!

Es ist einfach so: Der Herbst ist etwas ganz Besonderes! Als ob jemand in einen großen Farbtopf gegriffen hätte, ist alles in gelbe, rote und braune Töne getaucht. Was gibt es da Schöneres, als draußen in der Natur unterwegs zu sein und den Herbst mit seinen kleinen und großen Wundern zu entdecken?

Vorbereitung auf den Winter

Im September, Oktober und November bereiten sich die Pflanzen und Tiere auf den kommenden Winter vor. Die Pflanzen stellen ihren Stoffwechsel ein, ihre oberirdischen Teile sterben im Laufe des Herbstes ab und nur die geschützten Wurzeln überleben den Winter. Die Kastanien sind reif und fallen bei den ersten Herbststürmen prasselnd zu Boden. Feine Spinnfäden fliegen durch die Luft, die Früchte und Samen reifen heran und die Laubbäume verlieren ihre Blätter. Dazwischen suchen fleißige Tiere nach Wintervorräten und geschützten Unterkünften für die kalte Jahreszeit. Und auf den Telefonleitungen treffen sich Tausende von Zugvögeln, die vielleicht schon morgen in den warmen Süden starten. Jetzt hat der Herbst begonnen!

Herbstzeit

Die Sommerblumen sind verblüht, die Getreidefelder gemäht und die Sonne steht nicht mehr so hoch am Himmel. Daran, und an vielem mehr, kannst du erkennen, dass der Herbst beginnt.

Herbst bei den Astronomen

Im Herbst werden die Tage kürzer und die Nächte länger. Für die Astronomen, das sind die Sternenforscher, ist an dem Tag Herbstanfang, an dem die Nacht genauso lang ist wie der Tag: nämlich zwölf Stunden. Das ist jedes Jahr am 22. oder 23. September so – und zwar auf der ganzen Welt. Dieser Tag heißt Tagundnachtgleiche. Er ist der Beginn des Herbstes. Der Herbst endet mit der Sonnenwende am 21. oder 22. Dezember.

Herbst bei den Wetterforschern

Für die Meteorologen, die Wetterforscher, beginnt der Herbst schon am 1. September und endet am 30. November. Und wann beginnt für dich der Herbst? Dann, wenn es zum ersten Mal stürmt oder wenn die Blätter sich bunt färben?

Gibt es einen Herbst in Afrika?

Einen Herbst, ähnlich wie du ihn kennst, gibt es nur im äußersten Norden und Süden Afrikas. Die anderen Länder dieses Kontinents liegen so nah am Äquator, dass sie das ganze Jahr über ungefähr gleich viel Sonne bekommen: Zwölf Stunden dauert der Tag, zwölf Stunden die Nacht. Deshalb gibt es hier keine Jahreszeiten. Dennoch ist nicht jeder Tag gleich: Regen- und Trockenzeiten, also Zeiten, in denen es viel oder gar nicht regnet, bestimmen hier den Jahreslauf.

21. Juni

Die Jahreszeiten

Jedes Jahr kreist die Erde einmal um die Sonne auf einer Bahn. Die Jahreszeiten entstehen, weil die Erdachse nicht senkrecht auf dieser Umlaufbahn steht, sondern schräg. Dadurch bekommt auf diesem Weg um die Sonne ein Teil der Erde mehr Sonne als der andere.

Wenn bei uns Sommer ist, ist die Nordhalbkugel, auf der auch Deutschland und Europa liegen, der Sonne zugewandt und bekommt mehr Sonne. Auf der Südhalbkugel ist jetzt Winter.
Am Herbst- und Frühlingsanfang werden beide Erdhälften gleichermaßen beleuchtet, das heißt, der Tag dauert überall zwölf Stunden. Dieser Tag heißt Tagundnachtgleiche und ist der Beginn des Herbstes bzw. Frühlings.

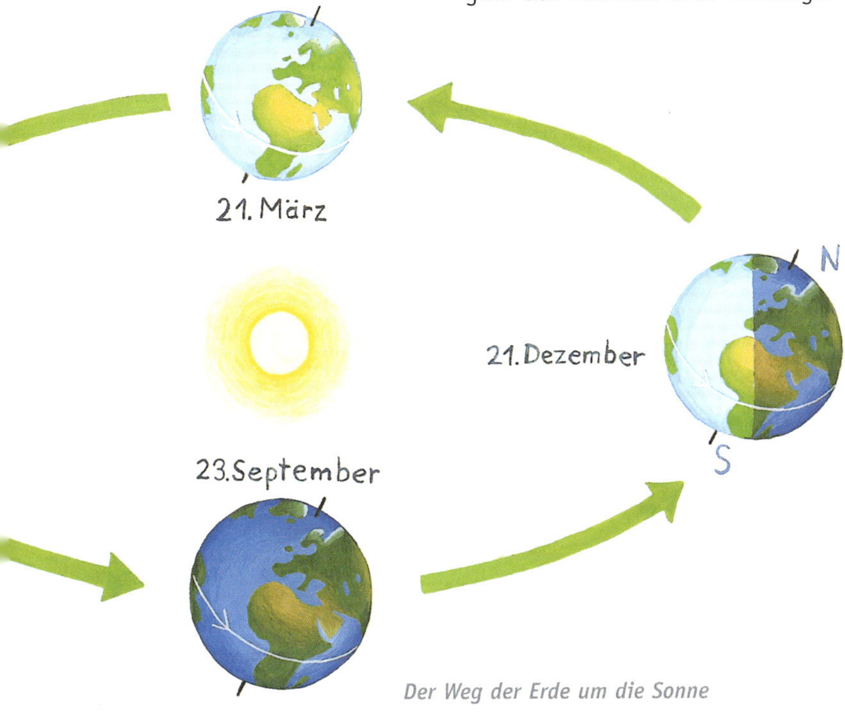

Der Weg der Erde um die Sonne

Herbstwetter

Wärmender Sonnenschein, stürmischer Wind, heftige Regengüsse, dichte Nebelschwaden – so vielfältig ist das Herbstwetter.

So entsteht der Wind

Die Sonne erwärmt die Luft, und die Luft steigt nach oben. Kühlere Luft strömt an die Stelle der nach oben steigenden Warmluft. So entsteht Wind, der immer zwischen kalten und warmen Gebieten weht. Je größer der Temperaturunterschied zwischen warmem und kaltem Gebiet ist, umso stärker windet es.

Wie wird die Stärke des Windes gemessen?

Der Wind wird nach Windstärken gemessen. Bei Windstärke 0 ist es windstill und kein Wind weht. Die höchste Windstärke ist 12. Das ist ein Orkan, der oft große Verwüstungen verursacht. Versuche einmal selbst, die Stärke des Windes zu erkennen oder zu messen. Mithilfe der Windstärken-Tabelle kannst du ein Wind-Tagebuch führen. Bei welcher Windstärke fliegt dein Drachen am besten?

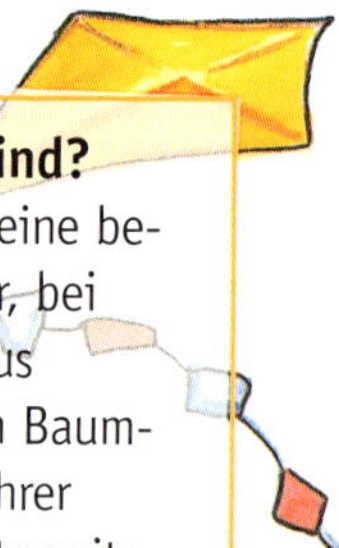

Woher weht der Wind?

An vielen Orten herrscht eine bestimmte Windrichtung vor, bei uns zum Beispiel meist aus Westen. Das kannst du an Baumstämmen erkennen. Auf ihrer Westseite – die auch Wetterseite genannt wird – tragen sie oft eine dicke Moosschicht. Das kommt durch das vermehrte Regenwasser, das der Wind an die Stämme weht. Auch an der Wuchsform von Bäumen und Sträuchern erkennst du die Hauptwindrichtung. Achte bei einem Waldspaziergang oder bei deiner nächsten Reise in sehr windige Berg- oder Küstenabschnitte darauf.

Die Windstärken

Windstärke	Windname	Wirkung auf dem Land
0	windstill	Rauch steigt senkrecht hoch.
1	schwacher Wind	Die Windrichtung ist an Rauch erkennbar, Fahnen bewegen sich nicht.
2	schwacher Wind	Du kannst den Wind im Gesicht fühlen. Die Blätter an den Bäumen rascheln.
3	leichter Wind	Blätter und dünne Zweige bewegen sich. Leichte Fahnen, z.B. Landesfahnen, stehen im Wind.
4	mäßiger Wind	Staub und Papierfetzen werden aufgewirbelt, kleine Äste bewegen sich.
5	frische Brise	Kleine Laubbäume und unbelaubte größere Äste bewegen sich. Wenn du jetzt einen Drachen steigen lässt, könnte die Drachenschnur reißen.
6	starke Brise	Größere Äste und kleinere Bäume bewegen sich im Wind. Das Öffnen eines Schirms ist schwierig.
7	steife Brise	Mittelgroße Bäume werden bewegt. Starker und heulender Wind. Gegen den Wind zu gehen ist schwierig.
8	stürmischer Wind	Zweige und kleinere Äste brechen ab.
9	Sturm	Leichte Beschädigungen an Häusern, z.B. Ziegel werden vom Dach geblasen.
10-12	starker Sturm bis Orkan	Ernste Schäden an Häusern, bis hin zu schwersten Verwüstungen.

Am frühen Herbstmorgen

Die Nächte werden kälter und immer häufiger ist die Wiese am frühen Morgen von Tautropfen übersät, bald vielleicht sogar vom ersten Raureif. Jetzt erst kannst du sehen, wie viele verschiedene Spinnen auf einer Wiese oder in einer Hecke leben.

Schon gewusst?
In nur 40 Minuten baut eine Kreuzspinne ein Nest, das im Durchmesser 18 Zentimeter misst. Sie braucht dazu einen etwa 18 Meter langen Spinnfaden.

Zwischen Halmen, Stängeln und Zweigen erkennst du ihre feinen Netze. Die feinen Tautröpfchen auf den Fäden machen sie sichtbar und zeigen dir, wie dicht die Spinnen ihren Lebensraum besiedeln. Zähle einmal die Netze auf einer Fläche von 1 Meter mal 1 Meter. Ganz schön viele – nicht wahr?

Wie entsteht Morgentau?

Sicher ist dir das auch schon aufgefallen: Meist bleiben deine Schuhe trocken, wenn du frühmorgens eine Wiese oder Rasenfläche überquerst. Manchmal hingegen hast du schon nach wenigen Metern richtig nasse Schuhe. Dann liegt Tau auf den Gräsern. Wenn die Luft in klaren, windstillen Nächten nachts abkühlt, setzen sich an Gräsern und Pflanzen, auch an Autoscheiben, kleine Wassertropfen ab. Sie verdunsten wieder, wenn sich die Luft durch die Sonnenstrahlen erwärmt.

Wie entsteht Nebel?

Wenn die Temperatur der bodennahen Luft sinkt, kann sie nicht mehr so viel Wasser aufnehmen. Das Wasser in der Luft sammelt sich in feinsten Tröpfchen – das ist Nebel. Oft entsteht dieser Bodennebel schon kurz nach Sonnenuntergang. Wiesen und Täler entlang eines Flusslaufes sind dann eingehüllt in einen dunstigen Schleier. Jetzt kannst du beobachten, wie die ersten Nebelschwaden entstehen. Sie schweben unmittelbar über dem Boden.

Besonders im November gibt es auch viele Tage mit Hochnebel. Dann schafft es die tief stehende Sonne nicht, eine wasserdampfreiche Luftschicht durch Erwärmung aufzulösen, und es bildet sich eine geschlossene, einförmige Wolkenschicht.

Altweibersommer

Hast du auf einem Spaziergang schon einmal gesehen, wie an einem sonnigen Nachmittag im Herbst unzählige feine Fäden durch die Luft driften? Jetzt ist die Flugzeit der Jungspinnen – und an jedem Spinnfaden hängt oder hing eine kleine Spinne. Weil Spinnen nicht fliegen können, wenden sie einen besonderen Trick an, um neue Lebensräume zu erobern: Die kleinen Spinnen klettern auf die Spitzen von Zweigen oder Halmen und produzieren einen Spinnfaden, der immer länger wird. Irgendwann ist er lang genug, um sie in die Luft zu heben und mit ihm davonzutragen. Wohin, ist ungewiss. Meist endet die Reise nach wenigen hundert Metern. Aus Fängen von Flugzeugen weiß man aber, dass Kleinspinnen mehrere tausend Meter hoch fliegen und über Meere und zu anderen Kontinenten verdriftet werden können. Vielleicht hast du die Fäden schon in deinem Gesicht gespürt – sie fühlen sich an wie fliegende Haare. Und weil sie an das graue Haar „alter Weiber“ erinnern, heißt diese Zeit Altweibersommer.

Herbst im Wald

Bunte Blätter, raschelndes Laub, farbige Früchte, duftende Pilze und röhrende Hirsche – im herbstlichen Wald ist so einiges los!

Warum werden die Blätter bunt?

Jeden Herbst verfärben sich die Blätter: Birken, Rotbuchen und Hainbuchen bekommen gelbe Blätter, Vogelbeeren, wilder Wein und Ahorn leuchten in Rot. Warum ist das so? Bevor die Bäume ihre Blätter abwerfen, entziehen sie ihnen möglichst viele wertvolle Stoffe wie zum Beispiel Stärke und Blattgrün. In Stamm und Wurzel bewahren sie es für die nächste Blattgeneration auf, die im Frühjahr neu gebildet wird. Ist das Blattgrün verschwunden, kommen orangerote und gelbe Farbstoffe zum Vorschein, die den Sommer über vom Blattgrün überdeckt waren.

Schon gewusst?
Mäuse, Dachse, Rehe, Eichhörnchen und viele andere Tiere mögen Pilze. Doch die eifrigsten Pilzfresser sind Schnecken. Genüsslich knabbern sie selbst die für uns sehr giftigen Fliegenpilze.

Jetzt ist Pilzzeit!

Pilze sind ganz schön seltsame Lebewesen. Das ganze Jahr über leben

sie verborgen im Erdreich, und an einem feuchten Herbsttag sprießen ihre Hüte plötzlich überall aus dem Boden. Wie ein Apfelbaum seine Äpfel, so bilden Pilze ihre Hüte, um sich zu vermehren. In ihnen entstehen winzig kleine Sporen. Wenn sie reif sind, fallen sie nach unten und eine leichte Windbrise trägt sie davon. Übrigens: Der größte Teil des Pilzes ist ein dichtes wurzelähnliches Geflecht im Erdboden. Man nennt es Myzel.

Warum verlieren Bäume ihre Blätter?

Würden Bäume ihre Blätter im Winter behalten, müssten viele verdursten. Warum? Im Sommer verdunstet ein alter Baum täglich bis zu 600 Liter Wasser über die Blätter. Schon im Herbst, wenn der Boden kühler wird, ist es für die Bäume schwierig, mit ihren Wurzeln genügend Wasser aufzusaugen. Und wenn das Erdreich erst einmal gefroren ist, geht gar nichts mehr.

Die kürzer werdenden Tage, und nicht die sinkenden Temperaturen, geben den Bäumen im Herbst das Signal, nun ihre Blätter zu verfärben und abzuwerfen. Deshalb tragen Laubbäume, die von Straßenlampen beleuchtet werden, ihre Blätter im Herbst viel länger. Achte einmal darauf!

Tannenzapfen & Co.

Im Herbst kannst du auch beobachten, wie an den Nadelbäumen neue Zapfen auftauchen. Und das freut ganz besonders die Tiere. Unter den zahlreichen Schuppen reifen nun die Samen heran. Bei trockenem Wetter gehen die Schuppen auf und die Samen werden ins Freie entlassen. Ist es hingegen feucht, bleiben die Schuppen geschlossen. Du kannst also an den Zapfen erkennen, wie feucht die Luft ist. Sind alle Samen ausgestreut, verbleiben die Zapfen von Kiefern und Fichten noch mehrere Monate oder sogar Jahre am Baum, bevor sie schließlich als Ganzes herunterfallen. Von den Zapfen der Tannen lösen sich noch im selben Jahr die Schuppen ab, nur die lange Spindel in der Mitte bleibt am Baum stehen. Daran kannst du ganz leicht eine Tanne von einer Fichte unterscheiden.

Bei trockenem Wetter sind die Schuppen geöffnet.

Bei feuchtem Wetter schließen sich die Zapfen.

Die Stunde der Hirsche

Im September und Oktober erleben Hirsche die anstrengendste Zeit des Jahres. Denn jetzt ist Paarungszeit, und jede Nacht ertönt das lautstarke Röhren der Männchen. Sie kämpfen heftig um die Weibchen. Nur der stärkste Hirsch kann sich mit den Weibchen des Rudels paaren und Nachkommen mit ihnen zeugen.

Frag deinen Förster, ob du dir nachts mit ihm dieses Schauspiel anschauen kannst.

Herbst auf der Wiese

Im September kannst du auf den Wiesen noch viele Blumen entdecken, die eifrig von Bienen, Schmetterlingen und anderen Insekten besucht werden.

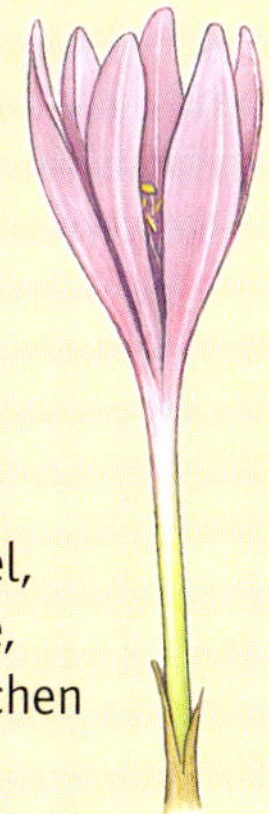

Die Herbstzeitlose

Eine ganz besondere Pflanze ist die Herbstzeitlose. Sie sieht so ähnlich aus wie ein Krokus, und du kannst ihre giftigen Blüten nun überall auf den Wiesen entdecken. Doch wo sind ihre Blätter? Nach ihnen und den dreifächerigen grünen Früchten musst du im Frühsommer Ausschau halten.

Diese Blumen blühen im Herbst

- ☐ **In Weiß:** Weißklee, Schafgarbe, Kamille, Wegerich, Hirtentäschel, Taubnessel, Vogelmiere, Bärenklau, Gänseblümchen
- ☐ **In Gelb:** Wegrauke, Schöllkraut, Beifuß, Löwenzahn, Rainfarn, Leinkraut
- ☐ **In Rot/Lila:** Rote Lichtnelke, Wiesenklee, Große Klette, Distel, Vogelknöterich, Herbstzeitlose
- ☐ **In Blau:** Wegwarte, Kornblume

Schon gewusst?
Die Herbstzeitlose ist die giftigste Pflanze auf unseren Wiesen. Ihre Blüte ist die längste unter den einheimischen Blüten: Sie misst 10 Zentimeter über dem Erdboden und ragt dazu noch bis zu 20 Zentimeter tief in den Boden hinein. Das ergibt eine Blütenlänge von rund 30 Zentimetern!

Ein Fest für Vögel
Für viele Vögel gibt es jetzt Nahrung im Überfluss. Sie finden in den Hecken und Obstwiesen viele verschiedene reife Früchte. Dort kannst du leicht Wacholderdrosseln, Mönchsgrasmücken, Kernbeißer, Gimpel und viele mehr beobachten.

Tiere im Herbst

Manchmal ist es im September noch so warm, dass du im T-Shirt vor die Tür kannst. Dennoch spüren die Tiere an den kürzer werdenden Tagen den kommenden Winter. Sie fressen sich an dem reich gedeckten Früchte- und Samentisch einen Winterspeck an, sammeln Vorräte, suchen ein geschütztes Winterquartier oder bereiten sich auf eine große Reise vor.

Das passiert im September:

- ☐ Schwalben, Enten, Kormorane und andere Zugvögel sammeln sich in großen Schwärmen für den bevorstehenden Vogelzug.
- ☐ Störche, Grasmücken und Kuckucke ziehen in den warmen Süden.
- ☐ Große Starenschwärme fallen in Schilfgebiete und Schlehenhecken ein, Trupps von Tauben und Drosseln finden sich auf Feldern und Wiesen ein.
- ☐ Die Brutsaison aller Vögel ist zu Ende.

- ☐ Die Brunftzeit bei den Hirschen beginnt. Sie dauert bis Mitte Oktober.
- ☐ Jungspinnen schweben an langen Spinnfäden durch die Luft, es ist Altweibersommer.

Das passiert im Oktober:

- ☐ Besonders an sonnigen, klaren Tagen ziehen viele Vögel in den Süden.
- ☐ Aus dem Norden ziehen große Finken- und Lerchenschwärme, aber auch Drosseln und Piper, zu uns.
- ☐ Igel, Kröten, Blindschleichen, Schlangen und Eidechsen suchen einen geschützten Unterschlupf auf.
- ☐ Fledermäuse verlassen uns und ziehen in ihre oft weit entfernten Winterquartiere.
- ☐ Eichhörnchen halten sich jetzt besonders oft am Erdboden auf, um Eicheln, Bucheckern und andere Samen zu sammeln.

Das passiert im November:

☐ Mit etwas Glück kannst du am Himmel faszinierende Schauspiele beobachten: Wildgänse und Kraniche ziehen wie große Pfeile in Richtung Süden. Spitze nachts einmal deine Ohren, vielleicht kannst du sogar hören, wie sie im Flug rufen.

☐ Aus Nordosten kommen zahlreiche Saatkrähen zu uns. Jeden Abend suchen sie mit lautem Geschrei ihren Schlafplatz auf.

☐ An den Gewässern sammeln sich Tausende von Wasservögeln, um hier den Winter zu verbringen.

☐ Rehe werfen ihr Geweih ab. Geh mit offenen Augen durch den Wald, dann findest du möglicherweise eines!

☐ Bei den Wildschweinen beginnt die Paarungszeit. Sie dauert bis Mitte Januar.

Der große Vogelzug in den Süden

Es ist so weit: Das größte Ereignis in der herbstlichen Vogelwelt steht an: Ein Teil der Vögel, die im Sommer bei uns gebrütet haben, zieht weg. Ihr Ziel sind warme Gebiete am Mittelmeer oder in Afrika. Auf ihrer Wanderung legen die Zugvögel oft viele tausend Kilometer zurück.

Bevor sie wegziehen, sammeln sich manche von ihnen zu großen Schwärmen. Auf Telefon- und Stromleitungen sitzen Hunderte von Schwalben. Störche, Kraniche und Wildgänse treffen sich an festen Treffpunkten. Andere Vogelarten wie Gartengrasmücken, Grauschnäpper oder Neuntöter verschwinden unbemerkt. Doch nicht nur Vögel verlassen uns im Herbst – auch viele Schmetterlinge wie Admiral und Distel fliegen nun zum Mittelmeer.

Auf dem Weg zum Futter
Wenn im Winter Schnee das Land bedeckt, frostige Temperaturen herrschen und Gewässer zugefroren sind, wird das Futter besonders für die Vogelarten knapp, die sich von Insekten ernähren. Deshalb verbringen sie den Winter in Gegenden mit reichlich Futter. Dafür gehen sie das hohe Risiko eines langen Fluges ein. Andere Vögel jedoch bleiben hier und ernähren sich im Winter von den verbliebenen Samen und Früchten.
Weil es in der Nähe von menschlichen Siedlungen auch in kalten Wintern mehr zu fressen gibt als in der freien Natur, bleiben immer mehr Amseln oder Rotkehlchen bei uns.

Vögel, die wegziehen

- ☐ Weißstorch ➡ Afrika, südlich der Sahara
- ☐ Mauersegler ➡ Zentral- und Ostafrika
- ☐ Schwalben ➡ West- und Zentralafrika
- ☐ Hausrotschwanz ➡ Südeuropa
- ☐ Rotkehlchen ➡ Südeuropa, Nordafrika
- ☐ Bachstelze ➡ Südeuropa
- ☐ Nachtigall ➡ Westafrika
- ☐ Kuckuck ➡ Zentral- und Südafrika

Vögel, die bei uns bleiben

- ☐ Amsel
- ☐ Haussperling (Spatz)
- ☐ Haubenmeise
- ☐ Baumläufer
- ☐ Kleiber
- ☐ Specht
- ☐ Eule
- ☐ Rebhuhn

Säugetiere

Während es bei den Vögeln Arten gibt, die wegziehen oder dableiben, haben Säugetiere andere Strategien für den Winter entwickelt: Sie sammeln Vorräte oder verschlafen die kalte Jahreszeit einfach mit dickem Bauch (Seite 58).

Der Steinmarder hält jetzt Ausschau nach Vorräten für den Winter.

Winterfell – Sommerfell

Nicht nur du ziehst im Winter eine wärmere Jacke an, auch die Säugetiere legen sich für die kalte Jahreszeit ein dichteres Fell zu. Am meisten fällt es beim Hermelin auf: Im Sommer ist sein Fell braun, im Winter weiß. Nur die Schwanzspitze ist das ganze Jahr über schwarz. Rehe tragen im Winter ein dickes graubraunes Winterfell statt des rotbraunen Sommerfells.

Die Ohren der Eichhörnchen zieren im Winter lange Haare, die wie Pinsel nach oben stehen.

Sammeln und fressen

Bevor das Futter im Winter knapp wird, sammeln viele Säugetiere Vorräte. Maulwürfe fangen jetzt besonders viele Regenwürmer, lähmen sie mit einem Biss und lagern sie in ihren Gängen. Steinmarder und Iltis füllen ihr Versteck mit erbeuteten Tieren. Feldhamster und Mäuse bringen Nüsse, Samen, Pilze und anderes Fressbares in ihren Bau. Eichhörnchen vergraben ihr Sammelgut lieber am Fuß großer Bäume.

Winterschläfer fressen sich jetzt eine dicke Fettschicht an: Ein Dachs wiegt im Herbst mit 25 Kilogramm über doppelt so viel wie im Sommer!

Der Dachs frisst sich jetzt eine dicke Fettschicht an.

Heimische Winterschläfer

- ☐ Igel
- ☐ Siebenschläfer
- ☐ Haselmaus
- ☐ Dachs
- ☐ Fledermaus

Insekten, Spinnen & Co.

Bei den Hummeln, Bienen (außer Honigbienen!) und Wespen lösen sich die Staaten auf. Nur die begatteten Weibchen überwintern in geschützten Verstecken und gründen als Königinnen im nächsten Frühjahr einen neuen Staat. Die alte Königin, die Arbeiterinnen und die männlichen Drohnen sterben im Herbst. Vor dem kalten Winter verschwinden viele Insekten, Spinnen und Schnecken im Gestrüpp oder dichten Laub, in Rindenritzen und an anderen geschützten Plätzen.

MEIN HERBST

Der Herbst ist ein Fest für alle deine Sinne: bunte Blätter, lecker duftende Früchte, prasselnder Regen und tiefe Pfützen. Also, nichts wie raus zum Sehen, Riechen, Schmecken, Hören und Fühlen!

Naturforscher im Herbst

Marschiere durch das raschelnde Laub: Hast du dich schon einmal wie ein Wildschwein in einem großen Laubhaufen gesuhlt? Nein? – Dann aber los! Außerdem ist jetzt Sammelzeit: Mit Bucheckern, Kastanien, Eicheln und Hagebutten kannst du allerlei basteln – oder sie einfach nur sammeln!

Geh an einem windigen Tag hinaus. Spiel mit dem Wind: Bau dir einen eigenen Drachen, rund oder eckig, bemalt oder beklebt, und lass ihn steigen.

Ein Tag im Herbst

Wenn der Wind das Laub von den Bäumen schüttelt, zieh dich wetterfest an und mach einen Ausflug mit deinen Freunden oder deiner Familie. Wie fühlt sich der Wind an, wenn er dir ins Gesicht bläst? Wie riecht es jetzt im Wald? Nach Laub und Kartoffelfeuer, nach Beeren und nach Pilzen? Wie duften die Beeren? Welche Tiere kannst du entdecken?

Die richtige Ausrüstung für Herbstforscher

Je besser du dich vorbereitest, umso erlebnisreicher wird dein herbstlicher Streifzug durch die Natur.

Die richtige Kleidung

Gutes Schuhwerk, manchmal sogar Gummistiefel, sind für einen Naturforscher unerlässlich. Es wäre doch schade, wenn hinter einem matschigen Stück Waldweg eine Hecke voller Brombeeren auf dich wartet – und du kannst nicht hin! Damit dir auch ein plötzlicher Regenguss oder aufkommender Wind die Freude nicht verderben, trägst du am besten einen warmen Pullover und darüber eine wasserdichte Jacke – oder du packst für alle Fälle ein Regencape in deinen Rucksack. Eine robuste Hose verhindert, dass du dir die Beine an Ästen oder Zweigen zerkratzt. Informiere dich auf jeden Fall im Radio, Internet oder in der Zeitung über das vorhergesagte Wetter.

Mit Lupe und Fernglas unterwegs

Wenn du draußen unterwegs bist, spitze deine Ohren und höre, nutze deine Nase zum Riechen und geh vor allem mit offenen Augen durch die Natur.

Mit einem Fernglas kannst du weit entfernte Tiere ganz nah sehen,

zum Beispiel Vögel in den Baumkronen oder auch Rehe auf einer Lichtung.
Die Lupe vergrößert alles, was du darunter legst. Ganz praktisch ist eine Becherlupe, die es in den meisten Spielwaren- und in manchen Schreibwarenläden zu kaufen gibt. Gib das Tier oder die Pflanze, die du beobachten willst, vorsichtig hinein. Schau dir die Tiere aber bitte nur kurz an und lass sie wieder da frei, wo du sie eingesammelt hast.

Checkliste für Herbstforscher

- ☐ feste Schuhe oder Gummistiefel
- ☐ wetterfeste Kleidung
- ☐ Bleistift, vielleicht auch Buntstifte
- ☐ Notizblock oder Naturforscherbuch
- ☐ Lupe oder Becherlupe
- ☐ Fernglas
- ☐ Literatur, um Tiere und Pflanzen zu bestimmen

Bei Bedarf:

- ☐ gute Wanderkarte
- ☐ Fotoapparat

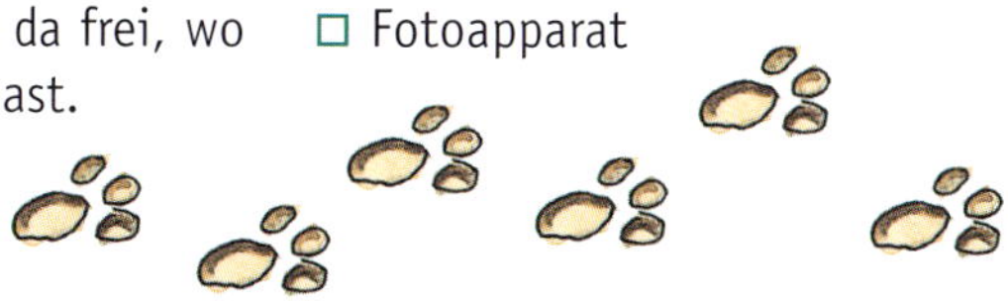

Dein Naturforscherbuch

Schreibe das, was du draußen beobachtest und erlebst, in dein persönliches Herbstbuch. Besorge dir dazu ein Notizbuch mit Linien oder Karos aus dem Schreibwarenladen und notiere zum Beispiel Folgendes darin:

- ☐ wann sich die Schwalben zum Zug in den Süden sammeln,
- ☐ wann und wo du einen Igel beobachtet hast,
- ☐ welche Früchte in der nächstgelegenen Hecke wachsen,
- ☐ welche Tiere und Pflanzen du auf einem Spaziergang im Wald gesehen hast,
- ☐ wann der erste Schnee gefallen ist.

In dein Naturforscherbuch kannst du auch gesammelte Federn, Blätter und Samen einkleben oder Tiere und Pflanzen hineinzeichnen, die du gesehen hast.

Herbstforscher auf Entdeckungsreise

September, Oktober und November sind die Herbstmonate. Die Abläufe in der Natur jedoch folgen diesem Kalender nicht starr. Nach einem heißen Sommer beginnt der Herbst später als im Vorjahr, im nördlichen Hamburg früher als im warmen Freiburg.

Wann beginnt bei dir der Herbst?

Du kannst leicht selbst feststellen, wann der Herbst in deiner Gegend beginnt. Trage hier das Datum des Blühbeginns oder der Reifung von Früchten ein. Du kannst diese Dinge natürlich auch in dein Naturforscherbuch (Seite 25) schreiben.

Der **Frühherbst** beginnt, wenn
- die Herbstzeitlosen blühen.
- die ersten Früchte von Rosskastanie, Holunder reif werden.

Der **Vollherbst** beginnt, wenn
- die ersten Früchte von Rotbuche (Bucheckern), Stieleiche (Eicheln), und Winterlinde reif werden.
- sich die Laubbäume verfärben.

Der **Spätherbst** beginnt, wenn
- die Blätter der Laubbäume fallen.

Der Sonnenlauf

Jeder Tag im Herbst wird etwas kürzer, weil die Sonne früher untergeht. Das kannst du leicht beobachten: Merke dir anhand eines markanten Hauses oder Baums,

Wann geht die Sonne auf und unter?

Tag	Aufgang	Untergang
1. September	ca. 5.30 Uhr	ca. 19.00 Uhr
15. September	ca. 6.00 Uhr	ca. 18.30 Uhr
1. Oktober	ca. 6.20 Uhr	ca. 18.00 Uhr
15. Oktober	ca. 6.40 Uhr	ca. 17.30 Uhr
1. November	ca. 7.10 Uhr	ca. 17.00 Uhr
15. November	ca. 7.30 Uhr	ca. 16.40 Uhr
30. November	ca. 8.00 Uhr	ca. 16.20 Uhr

Die angegebene Uhrzeit ist die mitteleuropäische Zeit (MEZ). Während der Sommerzeit musst du eine Stunde zu der angegebenen Uhrzeit dazuzählen.

wo sie im September untergeht. Beobachte von der gleichen Stelle aus ein paar Tage oder Wochen später den Sonnenuntergang, natürlich zeitlich früher. Auch die Bahn, die die Sonne auf ihrem Tageslauf am Himmel beschreibt, wird flacher. Das kannst du am besten zur Mittagszeit beobachten, wenn die Sonne ihren höchsten Stand erreicht. Jeden Tag steht die Sonne zur Mittagszeit etwas tiefer.

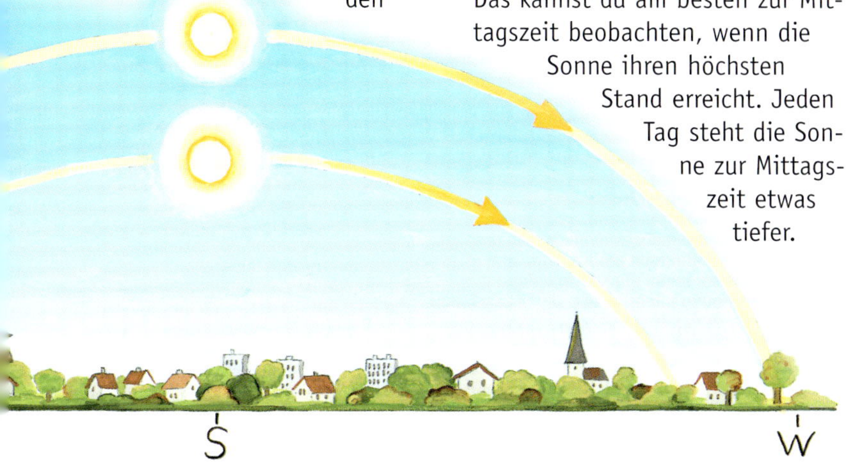

In der Hecke ist was los!

Im Herbst lohnt sich der Besuch einer Hecke (gemeint ist das Gestrüpp entlang von Feldern und Wegen) ganz besonders, weil jetzt viele Früchte reif werden. Und damit ist so eine Hecke ein großer Anziehungspunkt für viele Tiere. Versuche anhand der typischen Früchte herauszufinden, welche Sträucher in der Hecke stehen.

◀ *Eibe*
GIFTIG
→ *Vögel, Eichhörnchen*

◀ *Pfaffenhütchen*
GIFTIG
→ *Vögel (Rotkehlchen)*

◀ *Liguster*
GIFTIG
→ *Vögel (Mönchsgrasmücke, Dompfaff, Grünfink)*

Schon gewusst?
Biologen haben nachgewiesen, dass in unseren heimischen Hecken über 10 000 verschiedene Tierarten leben.

Achtung!
Auch wenn Vögel, Mäuse und Eichhörnchen diese Früchte fressen, heißt das noch lange nicht, dass sie auch für den Menschen genießbar sind. Ein Stern * zeigt dir, welche der Früchte auch für Menschen essbar sind.

◀ *Berberitze* *
→ *Haselmaus, Vögel (Gimpel, Kernbeißer, Amsel)*

◀ *Holunder* *
NUR GEKOCHT GENIESSBAR
→ *Vögel (Mönchsgrasmücke)*

◀ *Schlehe* *
→ *Feldhase, Vögel*

◀ *Sanddorn* *
→ *Vögel (besonders Fasan)*

◀ *Hundsrose* *
FRUCHTFLEISCH GENIESSBAR
→ *Igel, Feldhase, Vögel (Grünfink, Kernbeißer, Dompfaff)*

◀ *Weißdorn* *
→ *Feldhase, Mäuse, Vögel*

◀ *Vogelbeere* *
NUR GEKOCHT GENIESSBAR
→ *Feldhase, Vögel*

Wie schreitet die Laubfärbung fort, welche Arten fangen an, welche verfärben sich zuletzt? Beobachte am besten vormittags, welche Tiere kommen und welche Früchte sie fressen. Wie viele verschiedene Tiere (Schnecken, Insekten, Spinnen, Vögel) kannst du an einem sonnigen Herbsttag mit bloßem Auge erkennen? Schreibe all das in dein Naturforscherbuch.

Auf der Suche nach dem Wespennest

Wenn sich im Herbst die Wespenstaaten auflösen (Seite 21), kannst du dich auf die Suche nach einem leeren Wespennest machen.
Findest du jetzt eines, kannst du es getrost mit nach Hause nehmen. Schau dir die Waben genau an, die aus Papier (zerkautes Holz!) bestehen. Halte auch Ausschau nach leeren Spinnenkokons, die du an Ästen und Zweigen finden kannst.

Spurensuche

Eichhörnchen sind eigentlich Waldtiere. Sie leben aber auch in vielen Stadtparks und baumreichen Siedlungen. Schau genau nach, ob du Spuren von einem Eichhörnchen findest: angefressene Zapfen, angenagte Eicheln oder Nüsse, angeknabberte Pilze in einer Astgabel, Fußspuren oder gar sein Wohnbau aus Ästen hoch oben in einer Baumkrone. Die typische Eichhörnchenspur zeigt vorne die kräftigen Hinterpfoten, mit denen es bei seinen Sprüngen nachsetzt, und dahinter die kleinen Vorderpfoten. Welche Spuren findest du noch?

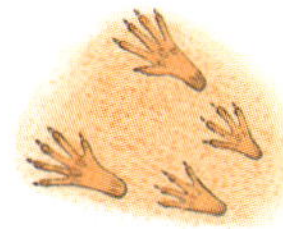

Früchte und Samen sammeln

Jede Pflanzenart hat ihre eigene Strategie, Samen zu verbreiten. Die Samen von Linde, Ulme, Ahorn und Löwenzahn verbreitet der Wind, denn sie sind leicht und haben Fluganhängsel.

Die Samen von Klette oder Wegerich sind klebrig oder haben Widerhaken. Sie bleiben im Fell oder in den Federn von vorbeistreifenden Tieren hängen. Die Früchte von Storchschnabel und Springkraut explodieren förmlich und schießen die reifen Samen weit weg. Und die saftigen Vogelbeeren, Brombeeren, Holunderbeeren, Schlehen und Früchte von Pfaffenhütchen werden von Tieren gefressen. Die unverdauten Samen landen dann mit dem Kot hoffentlich auf einem Stück Erdboden, wo sie zu neuen Pflanzen keimen können. Sammle die verschiedenen Samen von Pflanzen und schau sie dir genau an. Lass an einem windigen Tag die flugfähigen Samen in Augenhöhe in Windrichtung wegfliegen. Wie fliegen die verschiedenen Samen? Welcher fliegt am weitesten?

Windbilder

Keine Frage: Wenn der Wind bläst, ist Drachenzeit. Deiner ist aber ein ganz besonderer: Male ein buntes Bild mit wässriger Farbe auf weißes Japanpapier im DIN-A3-Format oder klebe buntes auf weißes Pergaminpapier. Wenn es getrocknet ist, spannst du es mit flachen Stäben auf und leimst es fest. Befestige die Waage (die Schnuraufhängung des Drachens) von der Vorderseite aus am Stab und bringe die Drachenschnur mit einer Schlaufe in der Mitte der Waage an.

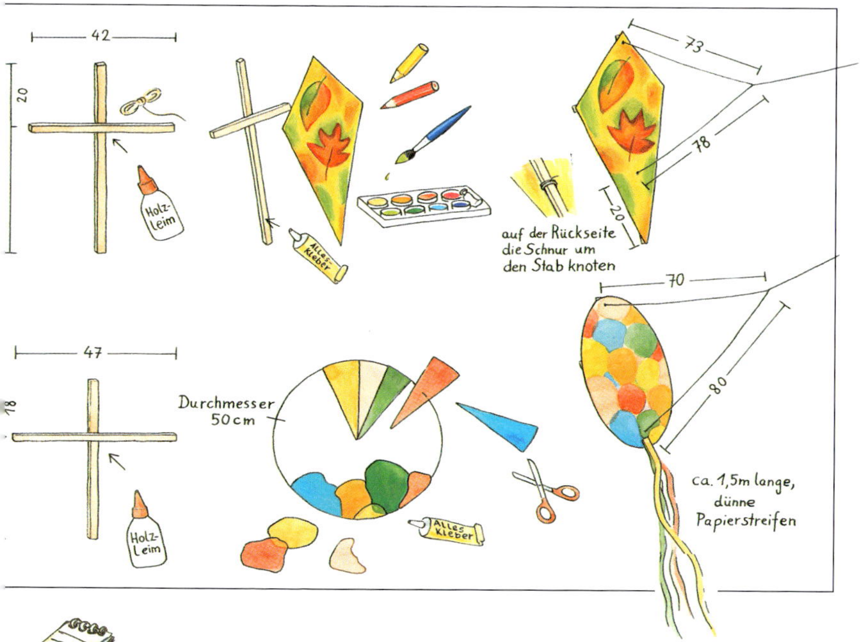

So wirst du zum Wetterfrosch

Du brauchst:

- ☐ einen einfachen Regenmesser aus dem Gartenfachhandel
- ☐ ein Minimum-Maximum-Thermometer

Temperatur: Das Thermometer hängst du im Freien dort auf, wo die Sonne nie hinkommt. Jeden Tag notierst du das Temperaturminimum und -maximum. So kannst du den Verlauf der Tagestemperaturen über den Herbst beobachten. Wann sank die Temperatur zum ersten Mal unter null Grad?

Regen: Wie viel Regen ist gefallen? Die Niederschlagshöhe misst dein Regenmesser, den du mindestens so weit entfernt von jedem Haus aufstellst, wie es hoch ist. Entleere das Gefäß nach dem Messen.

Ein besonderes Blatt

Hast du schon einmal ein Blattskelett gefunden, das von den Kleinstlebewesen im Falllaub bis auf die Adern abgenagt wurde? Nein? Dann durchsuche das alte Laub unter den Bäumen oder stelle dir einfach selbst ein Blattskelett her. Dazu musst du eine halbe Stunde lang Blätter in einem alten, mit Wasser gefüllten Topf köcheln lassen. Stelle den Topf nach dem Abkühlen ins Freie, denn wenn die Blätter sich zersetzen, kann das ziemlich unangenehm riechen. Nach einer Woche kannst du die Blätter herausnehmen. Entferne die letzten Reste vom Blattgewebe mit einem feinen Pinsel unter fließendem Wasser. Klebe deine Blattskelette für ein Wandbild auf buntes Papier oder gestalte damit dein persönliches Brief- oder Geschenkpapier. Vielleicht fällt dir ja noch mehr ein?

Sammel-Collage

Früchte, Eicheln, Bucheckern, Kastanien, Samen, Blätter, Moos, Rinde, Blüten, Pilze, Wurzeln, Äste und Zweige, Schneckengehäuse, Steine, Federn und noch vieles mehr – all dies kannst du sammeln. Mit Knetmasse entsteht daraus eine kleine Mini- oder Figurenlandschaft, ein Zoo aus bunten Herbsttieren oder ein Bauernhof, ganz nach deiner Fantasie. Klebst du deine gesammelten Schätze auf einen bunten Karton, hast du eine einzigartige Collage.

Bunter Herbstschmuck

Bastle dir bunte Halsketten oder Armbänder. Sammle Hagebutten und fädle sie abwechselnd mit eingeweichten Maiskörnern mit einer Nadel und einem stabilen Faden auf. Du kannst auch andere Früchte und Samen verwenden. Wenn die Früchte zu hart sind, lass dir beim Durchbohren helfen.

Studentenfutter

Im Herbst reifen bei uns die Hasel- und Walnüsse. Sammle sie selbst und mische sie mit gekauften Mandeln, Pistazien, Erdnüssen, Kürbiskernen und Rosinen. Und schon hast du dein persönliches, superleckeres Studenten- oder vielmehr Herbstforscherfutter!

Holunderbeerkonfitüre

Die schwarzen Holunderbeeren sind roh nicht genießbar. Du kannst aber eine feine Konfitüre daraus kochen. Mit heißem Wasser aufgegossen ergibt sie ein köstliches Getränk, das dich aufwärmt.

Du brauchst:

- ☐ 1 Kilogramm reife Holunderbeeren
- ☐ 500 Gramm Gelierzucker
- ☐ Saft von einer Zitrone
- ☐ 4 normale oder 8 kleine ausgekochte Marmeladegläser

Wasche die Beeren und pflücke sie von den Dolden. Dann kochst du sie 30 Minuten lang bei geringer Hitze und gibst anschließend den Gelierzucker und den Zitronensaft dazu. Noch einmal für zwei Minuten aufkochen und heiß in saubere Gläser abfüllen.

Igel-Hilfe

Einen Igel kannst du nicht überhören. Laut schnaufend läuft er abends durch den Garten, schmatzend verschlingt er Schnecken, Würmer, Insekten und anderes Getier. Bevor er sich Ende Oktober zum Winterschlaf zurückzieht, frisst er sich ausreichend Fettreserven an. Findest du im Spätherbst einen abgemagerten Igel mit weniger als 500 Gramm, hol dir Rat beim örtlichen Naturschutzverband. Die Experten dort können dir sagen, worauf du achten musst. Auf den ersten Blick erkennst du das viel zu geringe Gewicht daran, dass das Stachelkleid lose um den Körper hängt. Die Seiten scheinen eingefallen zu sein und hinter dem Kopf befindet sich eine tiefe Falte im Stachelkleid. Das Tier ist zudem deutlich kühler als eine menschliche Hand und am Tag unterwegs, was gesunde Igel normalerweise nicht tun.

Dein Igel-Restaurant

Einem abgemagerten hungrigen Igel kannst du draußen Futter anbieten: Mische Katzendosenfutter mit ein wenig Igeltrockenfutter oder brate etwas Rinderhack mit Öl an. Mische Haferflocken, Weizenkleie oder ein Ei darunter. Achtung: Gib dem Igel niemals Milch! Um Katzen fern zu halten, stelle das Futter unter eine umgedrehte Obstkiste, von der du die unterste Latte entfernt hast.

Im sicheren Versteck

Unter Reisig- und Steinhaufen, im dichten Laub unter Bäumen und Sträuchern, in Hohlräumen unter Wurzeln oder von Baumstümpfen verstecken sich Igel, Blindschleichen, Kröten, Molche und andere Tiere über den Winter. Leere Nistkästen bieten Siebenschläfern und Mäusen ein Quartier. In die Stängel von großen Disteln, Engelwurz und Bärenklau, in dichtes Gestrüpp und verlassene Vogelnester ziehen sich nun viele Insekten und Spinnen zurück, um in deren Schutz den Winter zu überdauern. Schmetterlinge,

Schwebfliegen, Fliegen, Wanzen, Marien- und andere Käfer ruhen während der kalten Jahreszeit als Ei, Raupe, Puppe oder ausgewachsenes Tier. Erst wenn es im nächsten Frühjahr wieder warm wird, kommen sie aus ihren Verstecken hervor.

Lass deshalb im Garten die abgestorbenen Pflanzenteile den ganzen Winter über stehen. Über die verbliebenen Fruchtstände freuen sich auch die Samen fressenden Singvögel Erlenzeisig, Grünfink, Goldammer, Stieglitz und Bluthänfling.

Unterschlupf

In einer ruhigen Ecke kannst du jetzt einen Unterschlupf für Igel und andere Tiere bauen, die den Winter über geschützt ruhen. Bau aus großen Steinen eine etwa 20 mal 30 Zentimeter große, handhohe Umrandung mit Eingang, bedecke sie mit einer Gartenplatte und Dachpappe und gib ein paar Hände voll Laub in das „Haus". Fertig!

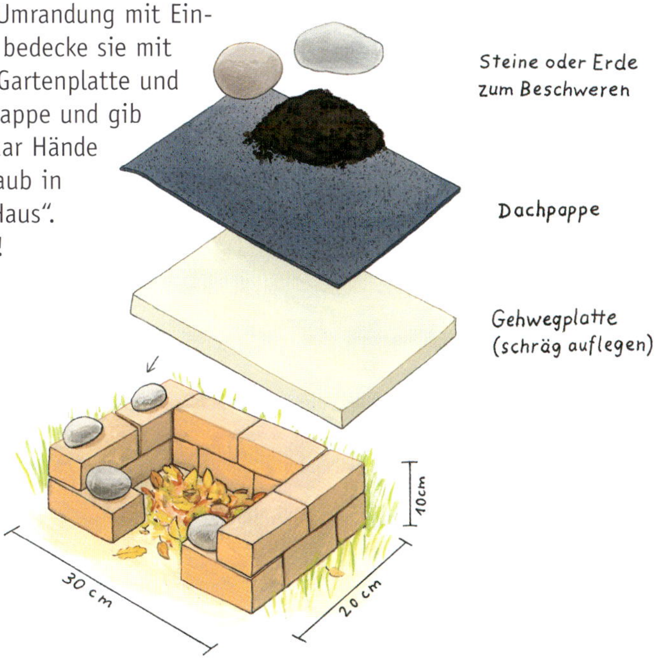

Zeit zum Federnsammeln

Ist dir das auch schon aufgefallen: Während im Frühjahr, Sommer und an späten Wintertagen unzählige Vögel singen, ist der Spätsommer und Herbst erstaunlich ruhig. Das hat seinen Grund: Die meisten Vögel ziehen sich zurück, um noch vor dem Winter ihr Gefieder zu wechseln. In der Fachsprache heißt das Mauser. Im Lauf des Jahres haben sich die Federn abgenutzt, besonders betroffen sind die Schwanz- und Flügelfedern. Sie werden nun durch neue ersetzt. Die alten fallen einfach aus. Deshalb kannst du jetzt viele Vogelfedern finden und sie auch sammeln. Besonders hübsch sind die blau gestreiften Federn des Eichelhähers. Versuche herauszufinden, von welchem Vogel die Federn stammen.
Achtung: Nimm keine Federn, die in der Nähe von Vogelkot liegen oder gar kotbeschmiert sind!
Aus Federn entstehen übrigens schöne Kunstwerke mit Ton oder Knetmasse, auf Papier oder Pappe geklebt, als Schmuck oder an Kleider- und T-Shirt-Säume genäht.

Ausgeflogen – leere Nester

Wenn die Bäume und Sträucher ihre Blätter verloren haben, werden die Nester der Vögel sichtbar.

Fang das Spinnennetz!
Du brauchst:
- ☐ Mehl oder Puder
- ☐ schwarzen Karton
- ☐ Klebstoff

Suche ein Netz ohne Spinne und puste vorsichtig etwas Mehl oder Puder aus deiner Hand dagegen. So siehst du es besser. Dann bestreichst du den Karton dünn mit Klebstoff und drückst die klebrige Seite vorsichtig gegen das Spinnennetz. Dieses reißt ab und klebt nun auf deinem Karton. Aus Pfeifenputzern kannst du noch eine kleine Spinne mit acht Beinen basteln und sie in das Netz setzen.

Achte einmal darauf, wie viele Vögel im Geäst gebrütet haben. Da sich Singvögel in jedem Jahr ein neues Nest bauen, kannst du das leere mit Handschuhen (wegen möglicher Nestparasiten) aus der Hecke nehmen. Fällt dir auf, wie viele Insekten und Spinnen das Nest als Unterschlupf gewählt haben?

Buchfink

Stieglitz

Rotkehlchen

Nistkästen

Mit Nistkästen kannst du Vogelarten wie Meisen und Staren eine Unterkunft anbieten. Entweder du kaufst einen Nistkasten oder du bastelst dir selbst einen. Am besten, du hängst den Nistkasten gleich auf, weil Meisen schon jetzt nach Nistplätzen suchen. Außerdem verbringen viele Kleinvögel kalte Nächte im Schutz eines Kastens. Bringe den Nistkasten an einem wind- und regengeschützten Platz an.

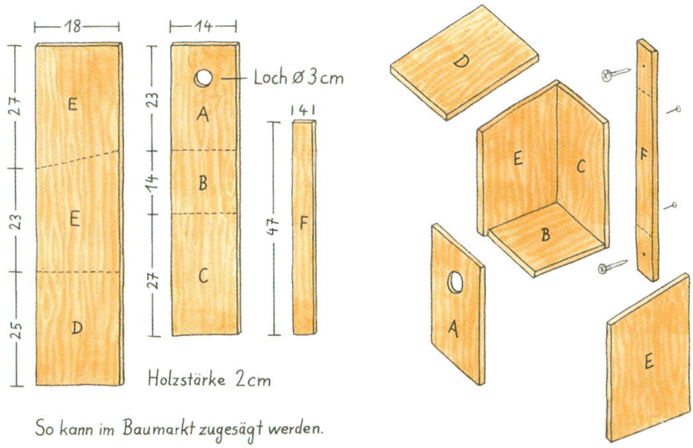

So kann im Baumarkt zugesägt werden.

FEIERN IM HERBST

Mach an einem sonnigen Herbsttag mit deinen Eltern und Freunden einen unvergesslichen Abenteuerausflug in die Natur. Höhepunkt eurer Tour ist ein kleines Herbstfest mit Lagerfeuer. Und zu Halloween lädst du deine Freunde zu einer Gruselparty ein.

Festideen

Natürlich gibt es noch viel mehr Ideen für Feste im Herbst: Wenn es zum Beispiel mal wieder tagelang regnet, bleib nicht drin, sondern lade deine Freunde zu einem Regenfest ein. In regenfester Kleidung und Gummistiefeln könnt ihr vielleicht Pfützenspringen spielen: Wer kommt mit den wenigsten Sprüngen am weitesten? Aufgepasst: Ein Fuß muss dabei immer ganz nah an einer Pfütze sein. Oder überlegt euch gemeinsam einen Regentanz, fangt mit der Zunge Regentropfen – sicher fällt euch noch mehr ein. Wieder zu Hause zieht ihr euch schnell trockene Sachen an und feiert weiter mit heißem Kakao oder Tee.

Bei einem Geheimfest geht es, wie der Name schon sagt, sehr geheimnisvoll zu. Schon die Einladung schreibst du mit Geheimtinte aus dem Saft einer Zitrone, mit ein paar Tropfen Zwiebelsaft gemischt. Erst über der warmen Heizung wird die Schrift auf Papier lesbar. Überlege dir einen rätselhaften Detektivfall, den ihr bei diesem Fest auflösen wollt. Eurer Fantasie sind dabei keine Grenzen gesetzt.

Herbstausflug

Ausgiebig durch den bunten Wald streifen, Spuren lesen, auf Schnitzeljagd gehen und Musikinstrumente aus Holz bauen – all das bietet dieser Ausflug. Zur Stärkung gibt's Würstchen und Stockbrot am Lagerfeuer.

Auf Abenteuer-Tour

Mit Karte, Kompass und Fernglas ausgerüstet geht die Wanderung los. Schon vorher habt ihr euch ein Ziel, am besten mit einer Feuerstelle, ausgesucht. Jeder hat kleine Tüten oder Schachteln dabei für die Schätze, die ihr unterwegs findet. In ein Stirnband aus Wellpappe, das hinten zusammengeheftet ist, kannst du gefundene Gräser, Federn und Blätter stecken.

Spiele auf Wald und Wiese

Nach dem Essen ist es Zeit für Spiele: Schnitzeljagd, Bockspringen, Räuber und Gendarm, Plumpsack, Faules Ei, Fangen – sicher kennst du noch andere Spiele, die zu mehreren Spaß machen.

Stockbrot

Bereite zu Hause einen Brotteig aus:

- ☐ 1 Würfel Hefe
- ☐ 1 Kilogramm Mehl
- ☐ 1 Tasse Wasser
- ☐ etwas Salz und Olivenöl

Lass den Teig abgedeckt zwei Stunden lang gehen. Für das Stockbrot nimmst du ein Stück Teig, drehst daraus eine Wurst und wickelst diese wie eine Spirale um einen Stecken. Drehe ihn so lange über der Glut des Feuers, bis der Teig hellbraun ist.
Auch die Würstchen brutzeln an einem Stecken oder auf einem Rost über der Glut. Lecker sind fest in Alufolie eingewickelte Kartoffeln, Möhren oder Zwiebeln, die du direkt in die Glut legst.

Musikinstrumente bauen

Im Wald kannst du eine Menge Dinge finden, aus denen sich verschiedene Instrumente bauen lassen. Entweder bringst du von zu Hause Schleifpapier oder eine Feile, Luftballons, Schnüre, Bierdeckel und Klebstoff mit oder du nimmst die gefundenen Instrumente-Teile mit nach Hause und bastelst die Instrumente nach dem Ausflug.

Für eine **Trommel** musst du ein hohles Rundholz finden. Die scharfen Kanten schleifst du mit Schleifpapier oder einer Feile ab. Über die offene Seite spannst du vorsichtig, aber fest einen Luftballon oder ein Fensterleder und befestigst das Ganze mit einer Schnur. Es ist nicht ganz einfach, solch ein Rundholz zu finden. Stattdessen kannst du auch eine leere Waschtrommel nehmen.

Für eine **Rassel** suchst du ein hohles Stück Holz. Glätte die scharfen Kanten, fülle Eicheln, Nüsse oder Bucheckern hinein und klebe die Öffnungen mit Bierdeckeln zu. Du kannst auch eine leere Chipsrolle verwenden.

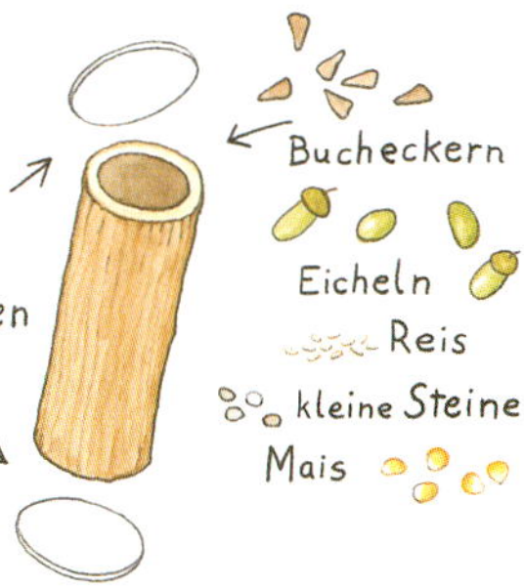

Binde verschieden lange trockene Hölzer mit Schnüren frei hängend an einen Ast, und schon hast du ein **Xylophon**. Nimm ein festes Stück Holz als Schlägel.

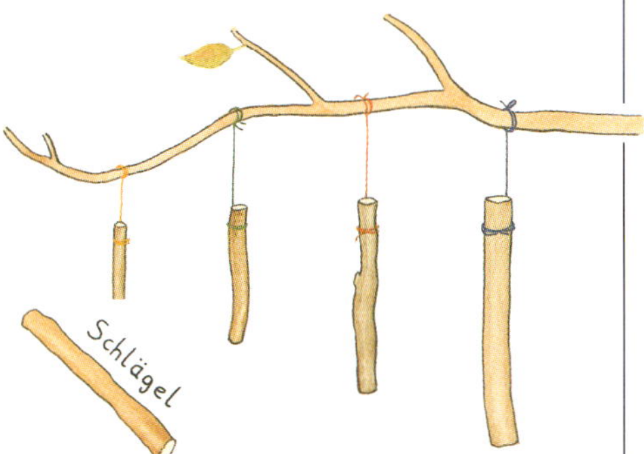

Halloween-Party

Die Nacht vor Allerheiligen (31. Oktober) gehört den Hexen, Geistern und Gruselmonstern. In Gärten und Fenstern leuchten grausige Kürbisfratzen, bettelnde Gespenster stehen vor der Haustür und überall werden schaurige Vampirpartys gefeiert – es ist Halloween!

Vertreibung der Geister

Halloween, damals noch „Samhain" genannt, ist ursprünglich ein keltisch-angelsächsisches Fest zur Feier des Winteranfangs. In der beginnenden düsteren Jahreszeit erschien den Menschen die Grenze zwischen dem Reich der Toten und dem Reich der Lebenden sehr dünn. Mit Opfern, Feuern und Maskeraden wollten sie Geister, Dämonen und Hexen vertreiben. Den Namen Halloween erhielt das Fest allerdings erst viel später. Die protestantische Kirche nannte die Nacht vor Allerheiligen „all hollows eve".

Nur für Hexen und Gespenster!

Absolutes Muss für deine Halloween-Party ist: Deine Freunde müssen verkleidet kommen – als Gespenst, Hexe, Zauberer, Vampir oder Drache. Verdunkle den Raum, in dem gefeiert wird: das Gruselzimmer! Hänge Luftschlangen, Spinnen aus Pfeifenputzern, Fledermäuse aus grauem Papier und andere schaurige Figuren auf. Verwandle einen Besen in ein Gespenst, indem du ihn umdrehst und ein Betttuch darüber hängst.

Grusel-Lichter

Trenne von Kürbissen oder Futterrüben mit einem scharfen Messer den oberen Teil ab und höhle Kürbis oder Rübe mit einem Esslöffel aus. Ritze Augen, Nase und Mund mit dem Messer ein und stelle dann Teelichte in die Kürbisse oder Rüben. Du kannst deine Grusel-Lichter im Haus oder draußen aufstellen und anzünden.

Essen nach Vampirart

In (blut)rote Grütze kannst du klein geschnittene Äpfel, Birnen, Orangen und Bananen tunken. Mische aus Apfel- und rotem Trauben- oder Johannisbeersaft einen blutigen Früchtetrunk. Gebratene Hühnerschenkel oder an Skelettfinger erinnernde Pommes mit Ketchup schmecken wohl den meisten Gästen.

Gruselige Spielideen

- Jeder zieht einen Zettel. Auf dem des Detektivs steht ein schwarzes D, auf dem des Mörders ein rotes M. Die anderen Zettel sind einfach weiß. Im Dunkeln geistern alle herum, bis der Mörder zuschlägt. Das Opfer lässt sich schreiend fallen, der Detektiv macht das Licht an. Durch Fragen versucht er, den Mörder zu finden. Alle, außer dem Mörder, müssen die Wahrheit sagen.
- Ein oder zwei Kinder verlassen den Raum. Die anderen streifen sich Betttücher über den Körper und geistern durchs Zimmer. Wer verbirgt sich unter jedem Tuch? Das müssen die beiden herausfinden, ohne die Tücher zu lüften.
- Vielleicht möchtest du dir auch mit deinen Freunden ein kleines Hörspiel mit einem gruseligen Thema ausdenken und auf Kassette aufnehmen. Es wird dich immer an das Fest erinnern.

ENTDECKE DEN WINTER!

Im Winter hoffst du auf viel Schnee und bist bestimmt voller Vorfreude auf die Feste und Feiern, die nun bevorstehen. In der Natur hingegen ist der Winter die Zeit der Ruhe. Aber dennoch gibt es dort einiges zu entdecken!

Winterzeit – Ruhezeit?

Der Winter in der Natur beginnt, wenn alle Bäume ihre Blätter verloren haben. Und er endet schon wieder im Februar mit den ersten blühenden Schneeglöckchen. Während der kalten Jahreszeit schöpfen die Tiere und Pflanzen Kraft für das kommende Frühjahr. Du hast im Winter jedoch kaum Zeit, um dich auszuruhen. Obwohl es schon sehr früh dunkel wird und obwohl es oft sehr kalt und feucht ist, locken draußen zugefrorene Seen zum Schlittschuhlaufen, verschneite Hänge zum Schlittenfahren oder Tierfährten zum Aufspüren.

An den letzten noch offenen Wasserstellen siehst und hörst du laut schnatternde Enten, und am Futterhaus kannst du jetzt die sonst eher scheuen Singvögel gut beobachten.

Winterzeit

Mitten in der dunklen Winterzeit triffst du immer wieder auf helle Lichterfeste: Weihnachten mit seinem Kerzenglanz und Neujahr mit seinen bunten und leuchtenden Böllern und Raketen. Im Fasching treiben die Menschen dann mit farbigen Gewändern und fröhlichen Festen den Winter aus.

Wintersonnenwende

Der Winter beginnt am 21. Dezember mit der längsten Nacht des Jahres. Nur acht Stunden liegen zwischen Sonnenaufgang und Sonnenuntergang. Von jetzt an nimmt das Licht wieder zu, und die Tage werden länger. In früheren Zeiten hat man diesen Tag ganz besonders gefeiert, und noch heute erinnern uns die Kerzen am Christbaum an den Brauch der Wintersonnwendfeuer.

Der Winter endet mit der Tagundnachtgleiche (S. 6) um den 21. März herum.

Winter bei den Wetterforschern

Für die Meteorologen beginnt der Winter schon am 1. Dezember und endet am 28. Februar, im Schaltjahr am 29. Februar. Obwohl jetzt ganz offiziell Winter ist, ist das in vielen Gegenden keine Garantie für Schnee. Und auch die Temperaturen sind mit 15 Grad manchmal so mild wie im Frühjahr.

Jahreswechsel

Das neue Jahr beginnt bei uns mitten im Winter. Dieser Jahresbeginn geht auf den römischen Kalender zurück. In anderen Kulturen wird der Jahresanfang an anderen Tagen gefeiert. Die zwölf Tage zwischen Weihnachten und Dreikönig heißen „zwischen den Jahren". Früher glaubte man, dass während dieser Zeit die Tore zur Geisterwelt offen stehen und dass die Geister dann ihr Unwesen treiben. Um sie fern zu halten, machte man an Neujahr viel Krach. Noch heute wird in dieser Nacht mit Raketen und Böllern geschossen.

Kurzer Winter – langer Sommer

Im Verlauf eines Jahres ist der Abstand zwischen Erde und Sonne nicht immer gleich. Er schwankt geringfügig. Anfang Januar kommt die Erde der Sonne am nächsten. Da sich die Erde auf ihrer sonnennäheren Bahn schneller fortbewegt als auf der sonnenferneren im Sommer, ist das Winterhalbjahr auf der Nordhalbkugel der Erde mit 179 Tagen um sieben Tage kürzer als das Sommerhalbjahr.

Winterwetter

Eisiger Frost, zugefrorene Teiche und Seen, eine Schneeballschlacht und die Weihnachtslichter in Haus und Garten – all das gehört zum Winter.

Frostige Kälte

An einem richtigen Wintertag ist es draußen klirrend kalt. Wie kalt du die herrschenden Temperaturen empfindest, hängt jedoch davon ab, ob Wind weht und wie feucht die Luft ist. Wenn es windig ist, empfindest du die Kälte stärker. Und auch an einem regnerisch feuchten Tag fröstelst du bei gleichen Temperaturen schneller als an einem trockenen.
Schau auf ein Thermometer und notiere über mehrere Tage in deinem Naturforscherbuch, welche Temperatur herrscht und wie kalt du es draußen empfindest.

Spüre die Kälte

Kalt ist nicht gleich kalt. Das kannst du leicht erfahren. Nimm drei Schüsseln und fülle sie mit eiskaltem, lauwarmem und sehr warmem Wasser. Halte deine Hand in das wärmste Wasser und tauche sie dann in das lauwarme. Was spürst du? Nun tauche sie erst in das eiskalte und dann in das lauwarme Wasser. Wie empfindest du das?

Ganz schön kräftig – das Eis

Dass Wasser bei 0 Grad Celsius zu Eis gefriert, weißt du wahrscheinlich. Aber hast du dir schon ein-

Warum dampft der Atem?

Mit jedem Ausatmen stößt du nicht nur die verbrauchte Luft, sondern auch Wasserdampf aus. In kalter Luft kühlt dieser rasch ab und bildet kleine Tröpfchen, die du als Dampf siehst.
Wenn es draußen sehr kalt ist, zaubert der Frost Eisblumen in vielen Formen an Fensterscheiben und Autofenster. Hauchst du sie mit deinem warmen Atem an, verschwinden sie schnell.

mal Gedanken darüber gemacht, warum sich an der Wasseroberfläche eine Eisschicht bildet und nicht am Gewässergrund? Wenn andere Flüssigkeiten gefrieren, sind sie im festen Zustand dichter und schwerer als im flüssigen. Nicht so das Wasser: Im gefrorenen Zustand dehnt es sich aus und ist somit leichter als im flüssigen. Deshalb schwimmt Eis und deshalb kann es beim Ausdehnen auch Wasserleitungen oder Gesteine sprengen.

Kugeln aus Eis

Fülle mehrere Luftballons mit Wasser und lass sie draußen gefrieren. Entferne die Luftballons, wenn das Wasser gefroren ist. Bunte Kugeln kannst du herstellen, indem du das Wasser mit Lebensmittelfarbe einfärbst oder indem du Glitzersternchen oder Pailetten in das Wasser gibst.

Wieso ist Eis glatt?

Wenn du Eis anfasst, auf deinen Schlittschuhen darauf schlitterst oder wenn ein Auto über das Eis fährt, dann schmilzt das Eis an diesen Stellen durch den Druck. Es bildet sich ein hauchdünner Wasserfilm, auf dem du rutschst – oder eben ausrutschst.
Um das zu verhindern, werden die Wege und Straßen meist mit Salz bestreut. Weil salzige Flüssigkeiten erst bei deutlich tieferen Temperaturen gefrieren als Wasser, kann sich keine Eisschicht bilden. Den Bäumen aber schadet das Salz. Es fließt mit dem Tauwetter in den Boden und bleibt darin enthalten. Im nächsten Jahr hindert es die Bäume daran, genügend Wasser aufzunehmen. Deshalb werden die Blätter vieler Straßenbäume schon früh im Sommer braun. Verwende daher am Besten nur Splitt zum Streuen.

Schneekristalle

Je nach Luftfeuchtigkeit und Temperatur bilden sich unterschiedlich geformte Schneekristalle. Fange sie mit einem dunklen Tuch, das du ausgebreitet in deinen Händen hältst, auf, oder mit einer Glasplatte, die du im Kühlschrank gekühlt hast. Schau dir die Schneesterne, -plättchen, -nadeln und -prismen mit einer Lupe an. Ist die Luft trocken und kalt, bilden sich schöne Sterne. Dann enthält der Schnee viel Luft und ist locker. Bei feuchtem Wetter kleben die Schneekristalle mehr zusammen. Sie fallen nicht einzeln, sondern als mehr oder weniger große „Schneeklumpen“ zu Boden und der Schnee ist fest.

Schneeschmelze

Schnee enthält sehr viel Luft. Diese Luft gibt ihm auch die weiße Farbe. Mit einem Experiment kannst du selbst herausfinden, wie viel Luft und wie wenig Wasser im Schnee enthalten ist. Forme dazu einen handgroßen Schneeball und gib ihn in einen Topf. Erwärme den Topf nun ganz langsam auf dem Herd, sodass der Schnee schmilzt. Zurück bleibt nur eine kleine Pfütze Wasser.

Sterne über Sterne

Jetzt ist der Sternenhimmel besonders schön, weil helle Sterne und auffällige Sternbilder am Himmel stehen. Da es früh dunkel wird, kannst du an jedem wolkenlosen Abend die Sterne beobachten.

Farbenworte

In den meisten Gegenden bei uns liegt leider nur an wenigen Tagen im Jahr Schnee. Die meiste Zeit besteht unsere Welt aus grünen Wiesen, Wäldern und bunten Blumen. Daher kennt unsere Sprache viele verschiedene Abstufungen für Grün, Rot und Gelb. Die Eskimos oder Inuits hingegen leben rund um den nördlichen Polarkreis. Ihre Heimat ist meist schneebedeckt und weiß. Das macht sich auch an ihrer Sprache bemerkbar. Sie hat unzählige Worte für die Farbe Weiß und für Schnee: „mangokpok“ heißt beispielsweise wässriger Schnee, „massak“ weicher Schnee und „mangiggal“ harter Schnee. Das Wort Iglu ist übrigens die Bezeichnung für Haus.

Großer Wagen und Polarstern: Zuerst schaust du in Richtung Norden und suchst das Sternbild des Großen Wagens. Er weist dich zum Polarstern, der ziemlich genau im Norden steht. Über Jahrhunderte hinweg orientierten sich die Seefahrer an diesem Stern. Kennst du ihn, weißt du nachts immer, wo Norden ist. In der Nähe des Polarsterns bilden fünf Sterne ein kleines, aber auffälliges W – das ist das Sternbild Kassiopeia.
Sirius und die Planeten: Der hellste Stern am Himmel ist Sirius. Sein Licht kann nur von dem der Planeten Venus, Mars, Jupiter und Saturn übertroffen werden, sofern sie nachts am Himmel zu sehen sind. Erkundige dich bei einer Sternwarte, in der Zeitung oder im Internet, wo die Planeten stehen. Es ist spannend, sie am Himmel zu entdecken!
Etwas höher als Sirius steht das Sternbild Orion mit sieben sehr hellen Sternen. Oberhalb von Orion siehst du die beiden Sternbilder Zwillinge und Stier. Hier findest du auch sechs Sterne in einem kleinen Haufen, dem bekannten Siebengestirn.

Winter vor der Tür

Im Winter steht die Sonne tief. Sie hat nur wenig wärmende Kraft. Daher ist jetzt für die Pflanzen die Zeit der Ruhe. Die unterirdischen Wurzeln warten auf wärmeres Wetter.

Wärmende Schneedecke

Während der Winterruhe sind die Pflanzen unter einer Schneedecke bestens vor den kalten Temperaturen geschützt. Weil Schnee viel Luft enthält, leitet er die Wärme schlecht und isoliert gut. Miss mit einem Thermometer die Temperatur an der Schneeoberfläche und in 10 Zentimeter tiefem Schnee und notiere sie in deinem Naturforscherbuch.

Winterblüten

Doch nicht alle Pflanzen ruhen im Winter. In manchen Gärten öffnen jetzt die Christrosen ihre weißen Blüten.

Was wächst jetzt im Gemüsebeet?

Manche Marktstände bieten das ganze Jahr über dasselbe Gemüse an. Tomaten, Gurken, Paprika und Co. werden meist von weither transportiert oder wachsen in warmen Gewächshäusern. Wenn du wissen willst, welche Gemüse auch im kalten Winter bei uns gedeihen, besuche einen kleinen Stand auf dem Wochenmarkt, an dem selbst Angebautes verkauft wird. Hier findest du Lauch, Rüben, Karotten, Sellerie, Petersilienwurzeln und verschiedene Kohlarten wie Rosenkohl oder Grünkohl. Feldsalat wird jeden Tag frisch geerntet – auch wenn Schnee liegt!

Die Christrosen stammen aus den Gebirgswäldern der Alpen und können die Kälte gut vertragen. Steigt die Sonne höher, blühen auch die heimischen Schneeglöckchen. Halte nach ihnen an einem sonnig-warmen Februartag Ausschau. Wer entdeckt das erste Schneeglöckchen des Jahres? Bald erblühen auch der gelbe Huflattich, die bunten Krokusse und die weißen Gänseblümchen.

Gelbe Staubwolken

Schon im Februar blühen auch Haselnussbüsche, Erlen und Weiden. Die männlichen Blüten hängen herab oder bilden kleine weiche Kätzchen. Schüttelst du an ihren Zweigen, fallen die gelben Pollen in großen Staubwolken heraus.

Der Wind trägt sie zu den weiblichen Blüten, die klein sind und kaum auffallen. Suche nach ihnen. Für Honigbienen, die im Gegensatz zu Wildbienen, Hummeln und Wespen (Seite 21) den Winter überleben, ist der Pollen von Haselnuss, Erle und Weiden eine wichtige Nahrung.

Ab Februar blühen auch Haselnussbüsche, Erlen und Weiden wieder.

Erkennst du die Bäume?

Weil die Laubbäume nun keine Blätter mehr tragen, kannst du sie nur noch an Rinde und Knospen bestimmen. Eiche, Buche, Ahorn, Linde und die anderen Baumarten haben völlig unterschiedliche Strukturen in ihrer Rinde. Manche sind glatt, andere weisen ein eigenartiges Muster auf. Schau sie dir an und präge dir die Muster ein. Schließe die Augen und fühle die unterschiedlichen Rindentypen mit deinen Händen. Mithilfe eines Naturführers über Bäume oder den unter den Bäumen liegenden Früchten und Blättern (Eicheln, Hüllen von Bucheckern, Nüsse, Reste von Ahornflügelfrüchten etc.) kannst du herausfinden, welcher Baum es ist.

Efeu und Misteln

Im laublosen Wald fallen jetzt besonders Efeu und Misteln auf, die das ganze Jahr über ihre grünen Blätter tragen.

Efeu bildet kleine Haftwurzeln, die wie kleine Geckofüße aussehen. Mit ihrer Hilfe klettert der Efeu an Baumstämmen empor, indem er sich in den Ritzen und Spalten der Baumrinde verhakt. Er dringt jedoch nicht in den Stamm ein. Wenn du vorsichtig daran ziehst, merkst du, wie fest die Wurzeln an der Unterlage „kleben“.

Misteln leben auf den Bäumen. Ihre Wurzeln dringen in den Baum ein und entziehen ihm Wasser und Nährstoffe.

Die Misteln des Miraculix

In der Adventszeit findest du auf dem Weihnachtsmarkt sicher einen Stand, an dem Misteln verkauft werden. Schau dir diese Pflanzen, die schon Miraculix in den Asterix-Heften aus den Bäumen sichelte, einmal genauer an. Sehr auffällig sind die klebrigen weißen Beeren, die besonders für Vögel ein Festmahl sind. Mit dem Vogelkot landen die Mistelsamen auf einem neuen Baum und können dort keimen.

Früher glaubte man übrigens, dass Misteln, die über Türen hängen, Dämonen abwehren können. In einer Legende heißt es außerdem, dass Pärchen, die sich an Weihnachten unter einem Mistelzweig küssen, immer zusammenbleiben.

Jahresringe zählen

Bäume werden nur im Winter gefällt, wenn keine Vögel brüten. Die abgesägten Stämme warten dann am Rand der Waldwege auf den Abtransport. Auf dem glatt abgesägten Stamm erkennst du Kreise und Ringe. Das sind die Jahresringe. Sie entstehen, weil die Bäume in unserem Klima im Frühjahr große Zellen anlegen und im Spätsommer kleine mit dicken Wänden. Die großen Frühjahrszellen bilden das helle Holz, die dickwandigen hingegen einen Ring aus dunklem Holz. So kommt jedes Jahr ein heller und dunkler Ring hinzu. Zählst du die dunklen Ringe, kannst du das Alter des Baumes bestimmen.

Tiere im Winter

Nicht nur die Pflanzen ruhen über den Winter, auch viele Tiere verschlafen die kalte Jahreszeit: Eidechsen, Frösche, Kröten, Spinnen, Insekten und einige Säugetiere halten Winterschlaf. Andere Säugetiere und die Vögel suchen emsig nach Futter oder sie leben von ihren gesammelten Vorräten.

Ereignisse im Dezember:

☐ Aus dem Norden kommen Vögel, die den Winter über bei uns bleiben – Birkenzeisig, Bergfink, Seidenschwanz und Rotdrossel.

☐ Rehe, Drosseln, Krähen und andere Tiere, die das Jahr über einzeln leben, schließen sich zu größeren Gruppen zusammen.

Ereignisse im Januar:

☐ Bei den Füchsen und Wildschweinen beginnt die Paarungszeit.

☐ Auch die Enten und Schwäne werben umeinander, die Stockentenmännchen tragen wieder ihr buntes Federkleid.

Ereignisse im Februar:

☐ An sonnigen Tagen singen die ersten Kohlmeisen, Blaumeisen, Amseln, Kleiber und Feldlerchen.

☐ Buntspechte trommeln wieder.

☐ Die Balzzeit bei den Eulen und Käuzen beginnt, in der Dämmerung hörst du ihre Rufe.

☐ Hirsche werfen ihr Geweih ab.

☐ Ab Ende Februar kehren die ersten Zugvögel (Feldlerche, Wiesenpiper, Star, Bachstelze, Kiebitz, Rohrammer) aus ihrem Winterquartier zu uns zurück.

☐ Bei den Wildschweinen werden die Frischlinge geboren.

So überleben Insekten

Wenn es kalt ist, können sich Insekten nicht bewegen. Daher verstecken sie sich im Boden, in Laub- und Reisighaufen, in Gestrüpp oder Baumhöhlen. Mit zunehmender Kälte werden sie immer starrer und unbeweglicher. Damit sie nicht durchfrieren, bildet sich in ihrem Körper eine Substanz, die wie ein Frostschutzmittel wirkt. Sie verhindert, dass die Körperflüssigkeiten fest werden.

Mit allen Sinnen!

Wie die meisten Menschen nimmst du deine Umwelt hauptsächlich durch das Sehen wahr. Nutze beim Entdecken der Natur jedoch auch einmal deine anderen Sinne und schließe im Wald, am Waldrand oder auf einer Wiese kurz deine Augen.

Hören: Achte genau darauf, was du hörst. Kannst du die Geräusche beschreiben? Wer könnte sie verursacht haben? Erste Vogelstimmen ertönen im Spätwinter. Mit Hilfe einer Vogelstimmen-CD kannst du versuchen herauszufinden, welcher Vogel singt.
Höre ab Januar auf die schaurigen „Huu-Hu-uuu“-Rufe des Waldkauzes, die manchmal auch in großen Parks zu hören sind. Mit seinen Rufen lockt das Männchen ein Weibchen an.

Tasten: Ertaste die Rinde von Bäumen und verschiedene Früchte wie Eicheln und Bucheckern am Boden. Wie fühlen sich Moospolster an, wie das Falllaub, wie die Knospen an Zweigen und Ästen? Jetzt keimen die Eicheln, Ahornsamen und Bucheckern am Waldboden – schaue unter Eichen, Buchen und Ahorn nach. Die Früchte platzen auf und es entsteht ein Spalt, aus dem bald eine kleine Wurzelspitze wächst.

Säugetiere

Viele Säugetiere verschlafen den Winter. Winterschläfer haben sich im Herbst eine dicke Fettschicht angefressen (Seite 20). Während des Winterschlafs senken sie ihre Körpertemperatur auf wenige Grad ab, ihr Herzschlag verlangsamt sich deutlich und sie wachen erst im Frühjahr wieder auf.

Winterruher wie das Eichhörnchen hingegen begegnen dir immer wieder. Sie verbringen zwar die meiste Zeit ruhend in ihrem Unterschlupf, ihre Körpertemperatur bleibt jedoch gleich hoch und ihr Herz schlägt gleich schnell. Sie haben keinen Winterspeck – und müssen folglich regelmäßig ihr Versteck verlassen, um sich von ihren im Herbst gesammelten und versteckten Vorräten zu ernähren.

Die Fledermäuse sind weg!

Auch Fledermäuse verschlafen den Winter. Die meisten heimischen Arten ziehen im Herbst in Höhlen oder Gewölbekeller. Erst im Frühjahr kehren sie zurück. Den Sommer über bewohnen sie ein Quartier auf offenen Dachböden, in Kirchtürmen oder Baumhöhlen. In unseren Siedlungen leben besonders häufig die nur daumengroßen Zwergfledermäuse.

Vögel

Der Winter ist für die Vögel, die bei uns bleiben, eine harte Zeit. Das so dringend benötigte Futter ist knapp: Eine Meise etwa muss sterben, wenn sie einen halben Tag ohne Futter ist (Seite 68).

Auch die Greifvögel haben es im Winter sehr schwer, Beute zu finden. Aus diesem Grund sitzen Mäusebussarde und Falken auf Bäumen, Zaunpfählen und Pfosten entlang der Straßen. Von dort aus beobachten sie die Straße und warten darauf, dass Mäuse und andere Tiere von Autos überfahren werden. Halte Ausschau nach den Greifvögeln, wenn du mit deinen Eltern das nächste Mal im Auto unterwegs bist.

Lautes Geschnatter an Seen und Teichen

Auf Seen und Teichen, die noch nicht zugefroren sind, versammeln sich jetzt zahlreiche Enten. Auch Blässhühner, Möwen und Schwäne mischen sich unter das Entenvolk. Wie viele unterschiedliche Arten kannst du entdecken? Welche Vögel siehst du dort auch im Sommer, welche Arten sind nur im Winter da? Da die meisten Entenarten nun auf Partnersuche für die kommende Brutzeit sind, haben die Männchen ein prächtig gefärbtes Gefieder. Erkennst du sie?

Wie sich Vögel vor der Kälte schützen

Du gehst einfach in die warme Wohnung, wenn dir kalt ist. Vögel hingegen müssen draußen bleiben. Damit sie weniger Wärme abgeben und nicht frieren, plustern sie ihr Gefieder auf. Beobachte die Vögel: Die sonst eher schlanken Amseln, Rotkehlchen und andere Vögel sehen wie kleine runde Flauschbälle aus. Wenn es noch kälter wird, fangen sie an zu zittern, um mehr Wärme zu produzieren, oder sie ziehen sich in ein geschütztes Versteck zurück.

1 Lachmöwe, 2 Krickente, 3 Stockente (Weibchen), 4 Stockente (Männchen), 5 Höckerschwan, 6 Blässhuhn, 7 Tafelente, 8 Reiherente, 9 Knäkente, 10 Kolbenente

MEIN WINTER

Wenn die Tage immer kälter werden, Schnee fällt und Teiche und Seen von Eis bedeckt sind, ist es Zeit, Schlitten und Schlittschuhe auszupacken und sich draußen ins winterliche Vergnügen zu stürzen.

Naturforscher im Winter

Zu keiner anderen Jahreszeit kannst du Wildtieren und Vögeln so nah sein wie im Winter: Hirsche und Rehe versammeln sich an den Futterstellen im Wald, unzählige Singvögel besuchen das Futterhäuschen, und Mäusebussarde warten lauernd am Straßenrand. An den Spuren im Schnee kannst du erkennen, dass hier Füchse, Mäuse, Hasen und Wildschweine unterwegs waren.

Ein Tag im Winter

Gestalte mit deinen Freunden oder deiner Familie einen ganz besonderen Wintertag, am besten, wenn Schnee liegt. Denn Schnee ist ein ganz tolles Baumaterial. Außer Schneemännern und Iglus kannst du daraus dein Lieblingstier formen, kleine und große Häuser bauen, einen hohen Turm oder andere Figuren aus deiner Fantasie schaffen. Anschließend geht's in die warme Wohnung zum Basteln und Plätzchenbacken, und abends verziert ihr eure Schneegestalten mit Lichtern.

Die richtige Ausrüstung für Winterforscher

Die erste Regel für Winterforscher lautet: Warm anziehen! Wenn du außerdem nicht lange stehen oder gar sitzen bleibst, dich viel bewegst und mit schnellen Schritten gehst, kann dir die Kälte nichts anhaben.

Die richtige Kleidung

Wärmer als eine dicke Jacke über einem dicken Pullover halten dich viele dünnere Sachen, die du übereinander ziehst: Unterhemd, T-Shirt mit langen Ärmeln, Sweatshirt, Fleeceshirt und eine warme winddichte Jacke zum Beispiel. Zwischen jedem Kleidungsstück ist eine dünne Luftschicht, die gut isoliert und die Kälte abhält. Zieh außerdem eine lange Unterhose unter deine Jeans, das hält wärmer als eine dicke Hose.

Die meiste Wärme verliert man, trotz der Haare, über den Kopf. Trage deshalb an kalten Tagen immer eine Mütze, besonders wenn du kurze Haare hast. Dann noch ein wärmender Schal, wasserdichte Handschuhe und warme Socken in gefütterten Stiefeln – und schon bist du ausgerüstet für deine Winter-Entdeckungstour.

Bewegungsspiele

Wenn du mit deinen Freunden oder deiner Familie draußen unterwegs bist, könnt ihr euch mit einfachen Bewegungsspielen gegen die Kälte schützen. Vor allem Hüpf- und Ballspiele, bei denen ihr rennen müsst, halten euch warm. Zeichnet zum Beispiel einen Hinkekasten in den Schnee und hüpft auf einem Bein von Kästchen zu Kästchen. Natürlich könnt ihr auch „Wer hat Angst vorm schwarzen Wolf“ oder „Fischer, Fischer, wie tief ist das Wasser?“ spielen. Ganz bestimmt habt ihr aber noch viele weitere Spielideen.

Wieder daheim – Aufwärmen muss sein!

Wenn deine Kleidung nass geworden ist, zieh dir auf jeden Fall trockene an. Vielleicht ist dir aber auch richtig unangenehm kalt? Dann hülle dich in eine Decke ein oder nimm ein warmes Bad. Wenn deine Hände vor Kälte fast steif gefroren sind, wärme sie an einer warmen Tasse und bewege die einzelnen Finger vorsichtig. Wie wär's mit einem warmen Kakao, Tee oder Punsch?

Checkliste für Winterforscher

- ☐ lange Unterhose
- ☐ warme Socken in gefütterten Schuhen
- ☐ Schal und Mütze/Stirnband
- ☐ Fäustlinge oder Fingerhandschuhe
- ☐ Gummihandschuhe (Einmal-Handschuhe)
- ☐ isolierende Sitzunterlage
- ☐ Tee oder anderes warmes Getränk in einer Isolierkanne zum Aufwärmen
- ☐ Müsliriegel
- ☐ Fettcreme für die Lippen
- ☐ Taschentücher

Leckerer Früchtepunsch

Mach dir einen leckeren heißen Punsch aus Kirschsaft, Traubensaft, aus dem Saft Schwarzer Johannisbeeren oder Holunderbeeren (Seite 33). Erhitze dazu einen Liter Saft mit Nelken, Zimt oder Glühweingewürzen. Schmecke ihn mit Zitronensaft, Honig oder Zucker ab – und fertig ist der Aufwärmpunsch.

Winterforscher auf Entdeckungsreise

Dezember, Januar und Februar gelten allgemein als die drei Wintermonate. In der Natur jedoch ist jeder Winter unterschiedlich lang: Nach einem warmen Spätherbst beginnt er in deiner Gegend vielleicht erst Mitte Dezember.

Wann beginnt bei dir der Winter?

Du kannst leicht selbst feststellen, wann der Winter in deiner Gegend beginnt und wann er endet. Beobachte dazu die Natur und trage das Datum hier oder in dein Naturforscherbuch ein.

Beobachte den Schnee

In manchen Jahren fällt viel Schnee, andere Jahre dagegen sind schneearm. In deinem Naturforscherbuch kannst du festhalten, ob und wie viel Schnee liegt. Miss jedes Mal, wenn Schnee gefallen ist, die Schneehöhe mit einem Lineal. Trage die Schneehöhe mit Datum in dein Buch ein.

Der Winter beginnt, wenn

- alle Bäume ihre Blätter verloren haben.
- die ersten Christrosen blühen.

Der Winter endet, wenn

- die ersten Schneeglöckchen blühen.
- die ersten Haselsträucher blühen.
- an den Weidekätzchen gelber Pollen zu sehen ist (schnippe mit dem Finger gegen die Kätzchen).
- die ersten Vögel wieder singen.
- die Kröten zu Gewässern wandern, um Eier zu legen.
- Buntspechte wieder trommeln.

Wann geht die Sonne auf und unter?

Tag	Aufgang	Untergang
1. Dezember	ca. 8.00 Uhr	ca. 16.20 Uhr
15. Dezember	ca. 8.15 Uhr	ca. 16.20 Uhr
1. Januar	ca. 8.20 Uhr	ca. 16.30 Uhr
15. Januar	ca. 8.15 Uhr	ca. 16.45 Uhr
1. Februar	ca. 8.00 Uhr	ca. 17.15 Uhr
15. Februar	ca. 7.30 Uhr	ca. 17.40 Uhr
28. Februar	ca. 7.00 Uhr	ca. 18.00 Uhr

Die angegebene Uhrzeit ist die mitteleuropäische Zeit (MEZ), die bei uns im Winterhalbjahr gilt.

Was ist jetzt unter Wasser los?

Von Land oder von einem Steg aus kannst du leicht beobachten, was sich in Bach, Teich oder See tut. Achte darauf, dass du dir eine ebene Stelle am Ufer oder einen Steg über flachem Wasser aussuchst, kein abschüssiges Uferstück und kein tiefes Wasser! Du musst auf jeden Fall sicher stehen oder auf deiner Sitzunterlage knien können.

Drücke ein gläsernes Gefäß, zum Beispiel ein Einkochglas, mit der Öffnung nach oben ins flache Wasser. Es darf dabei kein Wasser ins Gefäß kommen. Schau hinein. Siehst du durch den Boden des Gefäßes die Fische unter Wasser? Entdeckst du noch mehr Tiere? Verhalte dich ganz ruhig und bewege dich langsam – sonst verscheuchst du sie.

Schneebauten

Wenn viel Schnee gefallen ist, kannst du dir eine Höhle in den Schnee graben oder eine Schneemauer bauen. Stich dazu mit einem Spaten größere Blöcke aus Schnee ab, schichte die Blöcke in einem Halbkreis übereinander und befestige sie mit Schnee. Die Mauer schützt dich vor kühlem Wind oder vor Schneeballattacken. Oder sie wird zum Verkaufsstand im Spiel. Baust du die Mauer höher mit einem geschlossenen Dach, so entsteht ein Iglu. Du kannst den Schnee auch zu einem großen Haufen schaufeln, diesen feststampfen und eine Höhle hineingraben. Den Eingang verhängst du mit einer Decke. In deinem Schneehaus ist es bald wärmer als draußen – probier es aus. Genauso wärmt eine Schneedecke auch die Pflanzen.

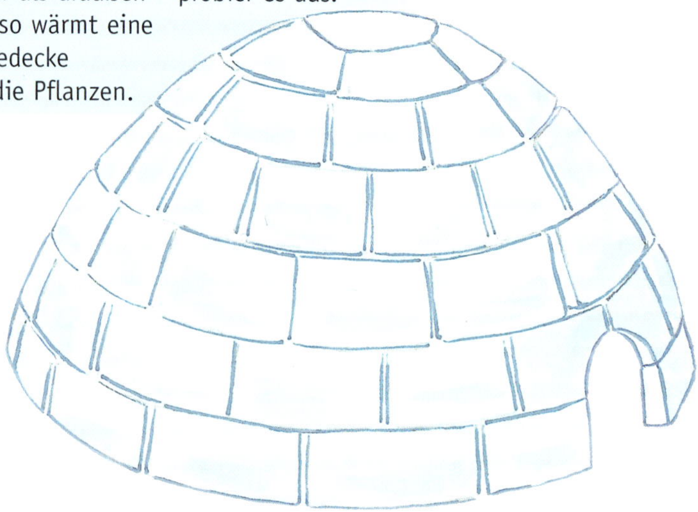

Mobile aus Winterschätzen

Geh an einem trockenen Wintertag im Wald oder Stadtpark auf die Suche nach Zapfen, Federn, Eicheln, Gräsern, Moospolstern und leeren Schneckenhäusern. Sammle auch ein paar kleine, stabile Äste und Zweige. Zu Hause hängst du deine gesammelten Schätze mit Bindfaden an die Stöcke und bastelst daraus ein Mobile. Wenn du magst, kannst du es noch mit Perlen oder kleinen Glöckchen verzieren. Am schwierigsten ist es, die leichten und schweren Dinge so anzubringen, dass das Mobile gerade hängt. Probiere es durch Hin- und Herschieben der Fäden auf den Stöcken.

Winterbäckerei

Lange Winternachmittage laden zum Backen ein. Wie wär's mit Plätzchen in Form von Schneeflocken oder Eiskristallen?

Schneeflocken: Schlage 3 Eiweiß mit 1 Teelöffel Zitronensaft und 1 Prise Salz steif. Vermische 225 Gramm Puderzucker mit einem halben Teelöffel Zimt und gib ihn zusammen mit 200 Gramm Kokosflocken unter den Eischnee. Mit einem Löffel setzt du kleine Häufchen auf ein Backblech und lässt sie im Backofen bei 150 Grad 15 bis 20 Minuten backen.

Eiskristalle: Bereite nach einem Rezept aus eurem Backbuch einen süßen Hefeteig zu. Leg vier, fünf oder sechs dünne, rund fünf Zentimeter lange Hefeteig-Würste wie einen Stern übereinander und backe sie im Backofen bei 200 Grad, bis sie hellbraun sind.

Vögel am Futterhaus

Im Winter kann man die sonst eher scheuen Vögel aus nächster Nähe an den Futterstellen beobachten. Füttere die Vögel allerdings nur während der Zeit, in der der Boden fest gefroren ist oder eine geschlossene Schneedecke liegt, dann aber regelmäßig. Im Spätwinter oder zeitigen Frühjahr genügt es, wenn du eine kleine Rasenfläche freischaufelst. Die Futterstelle sollte mindestens zwei Meter Abstand zur nächsten Glasscheibe haben und sich an einer übersichtlichen Stelle befinden, damit sich keine Katzen anschleichen können.

Futter für Körner fressende Vögel: Meisen, Finken, Kleiber, Ammern und Sperlinge freuen sich über Sonnenblumenkerne oder eine Körnermischung aus Hanf, Hirse und Gerste in einem Futtersilo oder Futterhaus.

Futter für Weichfutter fressende Vögel: Drosseln, Rotkehlchen, Schwanmeisen und Baumläufern kannst du Folgendes anbieten: Mische Haferflocken, geschrotete Körner oder Kleie mit Rindertalg oder leg kleine Apfelstücke, Rosinen und andere getrocknete Beeren (zum Bei-

1 Kohlmeise, 2 Kleiber, 3 Grünling, 4 Haussperling/Spatz, 5 Blaumeise, 6 Buntspecht, 7 Amsel, 8 Buchfink

spiel auch Vogelbeeren) an einer geschützten Stelle auf den Boden. Für Buntspecht und Kleiber gibst du die Talg-Körner-Mischung in eine halbe Kokosnuss-Schale und hängst sie an einem Baumstamm auf. Für Meisen bestreichst du Zapfen von Nadelbäumen dick mit der Talgmischung und hängst sie an stabilen Fäden auf.
Verstecke dich in der Nähe der Futterstellen und fotografiere die eintreffenden Vögel. Erkennst du sie alle?

Im Wildgehege

Auch der Besuch eines Wildgeheges lohnt sich jetzt besonders. An den Futterkrippen finden sich hungrige Hirsche und Rehe ein. Nimm dir Zeit und beobachte sie, am besten frühmorgens: Wie viele Männchen und Weibchen leben im Rudel? Wie lange fressen sie? Gibt es Tiere, die sich besonders mögen oder sich aus dem Weg gehen? In manchen Wildparks kannst du auch Wildschweine betrachten. Mit viel Glück siehst du dort ab Februar die kleinen Frischlinge.

Vogelarten am Futterhaus

- ☐ Kohlmeise
- ☐ Blaumeise
- ☐ Amsel
- ☐ Grünling (Grünfink)
- ☐ Kleiber
- ☐ Haussperling (Spatz)
- ☐ Buchfink
- ☐ Gimpel
- ☐ Buntspecht

Naturforscher auf Spurensuche

Wenn Felder, Wiesen und Wälder von frischem Schnee bedeckt sind, kannst du zahlreiche Tierspuren entdecken. Geh am besten morgens auf Spurensuche, dann kannst du sehen, welche Tiere nachts unterwegs waren. Die Spuren von Feldhase, Fuchs, Reh, Wildschwein und Marder zum Beispiel kannst du mit etwas Übung rasch voneinander unterscheiden. Miss die Länge der Spur und vergleiche das Abdruckmuster mit der Zeichnung. In Siedlungsnähe stammen die meisten Spuren häufig von Hunden oder Katzen. Kannst du sie von Fuchs- und Marderspuren unterscheiden?

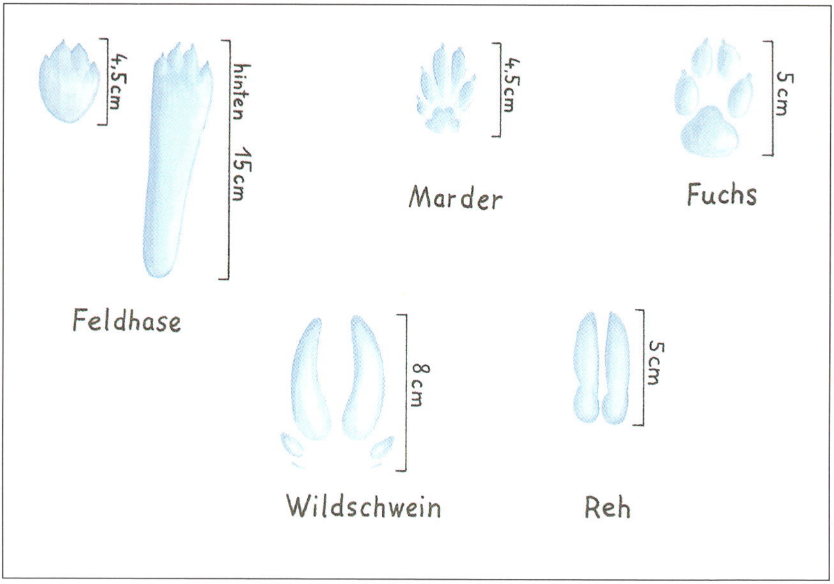

Gewölle

Die Gewölle von Eulen und Greifvögeln kannst du im Winter ebenfalls leicht entdecken. Suche unter Bäumen und Sträuchern entlang von Wegen, in Parks und in

Was Spuren erzählen

Liegen die Fußabdrücke in einer Spur hintereinander, so hat sich das Tier gemächlich fortbewegt. Findest du hingegen Fußabdrücke, die paarweise nebeneinander liegen, dann war das Tier in Eile. Endet eine Mäusespur in einem zerwühlten Schneefleck, wurde die Maus vermutlich das Opfer eines Greifvogels.

Wer war das?

Mithilfe eines Spuren-Bestimmungsbuches kannst du herausfinden, welches Tier welche Spuren hinterlassen hat. Waren es Spechte, Mäuse oder Eichhörnchen (Seite 29), die die Samen aus Zapfen, Nuss- und anderen Schalen gefressen haben?

Stadtnähe nach ihnen. Gewölle sind die unverdaulichen Reste von Beutetieren, die viele Vögel als kleine Bälle herauswürgen. Nimmst du sie auseinander (mit Gummihandschuhen!), findest du Haare, Federn, Knöchelchen, Insektenreste und Pflanzenteile – sie zeugen von der letzten Mahlzeit des Vogels.

Folgende Vögel speien Gewölle aus:

- ☐ Greifvögel: Mäusebussard, Sperber, Habicht, Falken, Weihen
- ☐ Eulen: Waldkauz und andere Käuze, Waldohreule, Schleiereule
- ☐ Weißstorch
- ☐ Graureiher
- ☐ Möwe
- ☐ Saat- und Rabenkrähe

Spechtschmiede

Auch Spechte haben es im Winter schwer. Sie finden kaum noch Insekten in den Baumrinden und ernähren sich deshalb hauptsächlich von den Samen der Nadelbäume. Sie klemmen die Zapfen in enge Rindenritzen und picken die Samen heraus.
Das bezeichnet man als Spechtschmiede. Suche am Fuß der Bäume nach den leer gefressenen Zapfen von Fichten und Kiefern.

Feiern im Winter

Advent, Nikolaus, Weihnachten, Silvester und Fasching – im Winter gibt es jede Menge Anlässe für Feste und Feiern. Außer diesen traditionellen Bräuchen gibt es aber noch viel mehr Gelegenheiten, um zu feiern.

Festideen

Mach an einem Adventssonntag mit deinen Eltern und Freunden einen Abenteuerausflug in die Natur mit anschließender Aufwärmparty (Seite 74). Oder wie wäre es mit einem Wichtelfest (Seite 76)?

Wenn es geschneit hat, kannst du deine Freunde zum Beispiel auch zu einem Schnee- und Eisfest einladen. Baut Schneemänner und Iglus, macht Schneeballschlachten oder sucht euch den besten Hang zum Schlittenfahren. Oder wie wäre es mit folgenden Spielen?

- Schneeball-Ballon-Schlacht: Zwei Mannschaften stehen sich gegenüber, ein aufgeblasener Luftballon liegt auf dem Boden in der Mitte zwischen ihnen. Beide Mannschaften versuchen nun, den Ballon mit Schneebällen zu der anderen Mannschaft hinüberzuschießen.
- Staffellauf mit Schneebällen
- Minigolf: Modelliert im Schnee eine Minigolfbahn und spielt mit Tischtennisbällen und -schlägern.
- Wettkampf auf der Minibobbahn: Auf einer abschüssigen Minibobbahn fahren mit Wasser gefüllte Plastik-flaschen oder Luftballons als Minibob um die Wette.

Winterausflug in Schnee und Eis

Ein Ausflug mit der Familie oder mit Freunden macht im Winter besonders Spaß. Als Ziele locken ein Schlittenhang, ein Wildgehege oder eine überdachte Ausflugshütte.

Warm bleiben

Damit ihr nicht ins Schlottern und Frieren kommt, geht ihr in raschem Tempo. Den Proviant packt ihr entweder in einen Rucksack oder – wenn genügend Schnee liegt – mit Spanngurten auf einen Schlitten. Unterbrecht eure Wanderung hin und wieder für Fang-, Hüpf- oder Ballspiele wie „Der Plumpsack geht um“ oder „Wer hat Angst vorm schwarzen Wolf“, bei denen ihr rennen müsst. Das hält warm.

Wenn der Hunger kommt

Kälte macht hungrig. Besonders lecker sind jetzt eine wärmende Suppe, zum Beispiel eine Kartoffelsuppe, oder ein Früchtepunsch (Rezept Seite 63). Damit die Leckereien warm bleiben, füllt ihr sie in eine Thermoskanne. Liegt genügend Schnee, könnt ihr euch ein Iglu bauen (Seite 66). Darin schmeckt alles noch einmal so gut.

Beobachtungen am Eis

Wenn ihr an einem zugefrorenen Gewässer vorbeikommt, betrachtet die dünne Eisplatte näher. Ist sie gleichmäßig dick? Brich ein Stück heraus und halte es vor die winterliche Sonne. Schau dir an, wie das Licht durch die Eisschichten fällt. Durch Anfassen und Drücken der Eisplatte (ohne Handschuhe), die beim Anfassen ja schmilzt, lassen sich schnell interessante Figuren – Köpfe, Tiere, Fantasiefiguren, Wolken, Blumen etc. – herstellen.

Du kannst die Eisplatte auch leicht selbst herstellen: Stelle ein flaches Gefäß mit wenig Wasser (ca. 1 Zentimeter hoch) bei Frost nach draußen oder ins Tiefkühlfach. Falls sich das Eis nicht aus dem Gefäß löst, hältst du den Gefäßboden so lange in warmes Wasser, bis sie sich löst.

Gute Winterziele

- ☐ Wildgehege und Wildpark
- ☐ Bachlauf, Waldsee oder Wasserfall
- ☐ Schlittenhang oder abschüssiger Waldweg jenseits von Straßen
- ☐ Eislaufen auf einem frei gegebenen Teich oder im Eislaufstadion
- ☐ Skitour quer durch die winterliche Natur
- ☐ Eisstockschießen, Curling

Spuren im Schnee

Achtet auf Tierspuren. Wer hat sie wohl hinterlassen (Seite 70)? Macht selbst Spuren im frischen Schnee: Hüpft auf einem Bein oder mit geschlossenen Beinen. Setzt euch in den Schnee – aber nur ganz kurz, sonst geht die Nässe durch eure Kleidung und ihr erkältet euch! Schaut euch den Abdruck an, den euer Po hinterlässt. Ihr könnt euch auch sachte, und wieder nur ganz kurz, in den Schnee legen und eure Arme und Beine wie ein Hampelmann bewegen. Erkennt ihr das Engelchen? Probiert auch aus, wie schwer es sich im knietiefen Schnee gehen lässt. Ganz schön anstrengend, oder?

Wichtelparty

Anlässe für ein Wichtelfest gibt es genug: Nikolaus, Weihnachtsfeiern in der Schule oder im Verein, Weihnachten in der Familie, Neujahr oder Fasching.

Gebackene Einladungs- oder Tischkarten

Schlage 125 Gramm Butter, bis sie ganz weich ist, und knete 50 Gramm Zucker und 175 Gramm Mehl darunter. Rolle den Teig aus und stich große Sterne oder andere Figuren aus. Backe sie etwa 25 Minuten lang im 150 Grad heißen Backofen. Die abgekühlten Plätzchen bestreichst du mit Zuckerguss. Für den Guss rührst du so viel Saft einer ausgepressten Zitrone unter 250 Gramm Puderzucker, bis der Guss ziemlich steif ist (du kannst den Guss auch mit Speisefarbe färben). Mit bunten Liebesperlen oder Schokostreuseln schreibst du die Namen auf deine Einladungs- oder Tischkarten oder verzierst sie damit.

Wichteln – so geht's

Einige Tage bevor das große Wichtelfest steigt, schreibst du die Namen von allen Gästen auf jeweils einen Zettel. Alle Zettel kommen in ein Körbchen oder anderes Gefäß, und jeder zieht einen Namen. Für die Person, deren Namen man gezogen hat, muss man ein Geschenk mitbringen. Wichtig ist, dass ihr zusammen festlegt, ob das Geschenk selbst gebastelt sein soll oder wie teuer es sein darf. Zum Wichtelfest bringt dann jeder sein Geschenk mit.

Schatzsuche

Verstecke vor dem Fest kleine Gegenstände wie Knöpfe, Wäscheklammern, Stifte und anderes in dem Raum, in dem ihr feiert. Jeder Gast bekommt eine Liste, auf der die versteckten Gegenstände aufgeführt sind. Nun begeben sich alle auf die Suche. Hast du einen Gegenstand gefunden, schreibst du heimlich auf, wo du ihn gesehen hast, lässt ihn aber dort liegen. Wer am Ende die meisten Gegenstände gefunden hat, hat gewonnen.

Leckereien fürs Fest

- □ selbst gebackene Plätzchen (Rezepte Seite 67)
- □ Schokofondue (geschmolzene Kuvertüre, in die man Obststücke taucht)
- □ Wichtelpizza (Salamischeiben für die Augen, eine Gurke für die Nase, eine Tomatenscheibe für den Mund ...)
- □ witzige Röstkartoffeln (Kartoffelscheiben vor dem Braten in Stern-, Mond- oder Pilzform ausschneiden) mit Kräuterquark
- □ Igelfrischkäse (Frischkäse zu einer Kuppel formen und Salzstangen als Stacheln aufsetzen)

Bratäpfel

Rezept für vier Bratäpfel: Höhle vier Äpfel aus und entferne dabei das Kerngehäuse. Fülle die Äpfel mit Marzipan-Masse. Mische dazu 75 Gramm Marzipan mit 50 Gramm Puderzucker und je 2 Esslöffeln Rosinen, Schokostreuseln und gehobelten Mandeln. Setze je einen halben Teelöffel Butter auf die gefüllten Äpfel, gebe sie in eine Auflaufform und backe sie im 180 Grad heißen Backofen, bis die Schale leicht aufreißt.

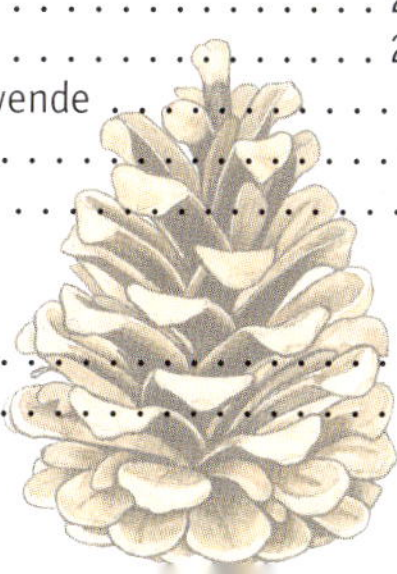

Fotonachweis
Cover: Manfred Delpho, Heidi Velten (kleines Foto), weitere Abbildungen aus dem Innenteil

Arco Digital Images: Seite 4 u., 18, 20, 34, 44 o., 52, 55 o.; Delpho, Manfred: Seite 4, 44; Hampp Media GmbH: Seite 12, 30 u., 38, 43; iStock: Seite 21 u., 30 o., 32, 54, 58, 67; MEV: Seite 11, 17, 21 o., 47; mt-color: Seite 13, 19, 65; photodisc: 55 u.; Velten, Heidi: Seite 4 o., 22, 40, 44 u., 60, 62, 72

Illustrationen
Viola Beyer: Seite 5, 7, 10, 14, 15, 16, 18, 19, 23, 27, 28, 29, 31, 35, 37, 41, 45, 51, 53, 59, 66, 68, 70
Svenja Doering: Kopfleiste links Seite 6 bis 76, Seite 8, 12, 17, 20, 24, 33, 36, 42, 46, 49, 54, 63, 69, 75, 76

Produktion
Hampp Media GmbH, Stuttgart

Layout und Herstellung
Petra Kita und Angela Renner, Hampp Media GmbH

Redaktion
Claudia Fahlbusch

Satz und Repro
lithotronic media GmbH, Frankfurt am Main

Druck und Bindung
Graficas Estella, Estella (Navarra)

Printed in Spain

ISBN 3-401-45185-5

Verlag und Autorin weisen darauf hin, dass die Informationen in diesem Buch sorgfältig geprüft wurden. Eine Garantie für Schäden, die durch das Befolgen der Hinweise in diesem Werk auftreten, kann jedoch nicht übernommen werden.